DANJI LÜSE GAOXIAO YANGZHI
YU YIBING FANGKONG JISHU

蛋鸡 绿色高效养殖 与疫病防控技术

王承义　王连波　朱金清　主编

中国农业科学技术出版社

图书在版编目（CIP）数据

蛋鸡绿色高效养殖与疫病防控技术／王承义，王连波，朱金清主编．--北京：中国农业科学技术出版社，2024.12.--ISBN 978-7-5116-7070-0

Ⅰ.S831.91；S858.31

中国国家版本馆 CIP 数据核字第 20242MC766 号

责任编辑	张国锋
责任校对	李向荣
责任印制	姜义伟　王思文

出 版 者	中国农业科学技术出版社
	北京市中关村南大街 12 号　　邮编：100081
电　　话	（010）82109705（编辑室）　　（010）82106624（发行部）
	（010）82109709（读者服务部）
网　　址	https://castp.caas.cn
经 销 者	各地新华书店
印 刷 者	中煤(北京)印务有限公司
开　　本	170 mm×240 mm　1/16
印　　张	13.75
字　　数	300 千字
版　　次	2024 年 12 月第 1 版　2024 年 12 月第 1 次印刷
定　　价	58.00 元

《蛋鸡绿色高效养殖与疫病防控技术》
编写名单

主　编　王承义　王连波　朱金清

副主编　崔明巧　孙杰龙　张承礼　才仁他拉

　　　　姜宏德　许文娟

编　委　韩秋月　豆保恩　李杏媛　王　丹

　　　　杨肖祎　赵宏栋　池跃杰　林春红

　　　　王剑春　张淑芬

前　　言

　　我国作为世界最大的鸡蛋生产国和消费国，鸡蛋产量占世界总量的 36% 左右，蛋鸡产业是保证城乡居民"菜篮子"安全稳定供给的重要民生产业。如今，我国蛋鸡养殖业正在向规模化、集约化、现代化的高效、绿色、健康养殖模式发展，精细化饲养管理和智能化、数字化管理要求越来越高。市场的新变化和行业发展的新形势对蛋鸡养殖发展提出了新的要求和挑战。为满足农村广大蛋鸡养殖专业户、农村蛋鸡养殖专业合作社和中小型蛋鸡场发展和生产的需要，正确指导从业人员科学经营管理蛋鸡场，提高蛋鸡养殖效益，及时推广应用绿色生态高效养鸡的新知识、新技术、新经验、新做法，我们组织了长期从事蛋鸡生产、教学、科研和新技术推广的相关专家编写了《蛋鸡绿色高效养殖与疫病防控技术》。

　　本书贴近蛋鸡养殖生产实际，强调高效养殖、绿色生态、疫病防控三个主题，突出养殖全过程中的各项关键步骤和核心技术，并从蛋鸡场的规划与建设、品种选择与孵化技术、营养需要与日粮配合、饲养管理与环境控制、常见疫病与科学防控等方面，进行了系统全面、深入浅出的介绍，语言简洁明了，通俗易懂，真正让蛋鸡养殖从业者看得懂、用得上。

　　本书在编写过程中，参考了部分专家、学者的相关文献资料，在此深表感谢。也感谢北京中惠农科文化发展有限公司为本书做的宣传推广工作！

　　由于编者知识水平有限，书中疏漏或不当之处在所难免，恳请广大读者和养鸡业同行不吝指正。

编　者
2024 年 3 月

目　　录

第一章　蛋鸡场规划与建设

第一节　场址的选择与布局

一、场址的选择

鸡舍选址应符合本地畜禽养殖"三区"规划方案，距离生活饮用水源地、居民区和主要交通干线 500 米以上，其他畜禽养殖场 1 000 米以上；距离动物隔离场所、无害化处理场所 3 000 米以上；水质良好、供电稳定和交通便利的地方。

鸡场周围环境质量应符合《畜禽场环境质量标准》（NY/T 388—1999）的规定，鸡场环境要符合《中华人民共和国动物防疫法》有关要求，大气质量应符合《环境空气质量标准》（GB 3095—2012）的规定，养殖用水应符合《无公害食品　畜禽饮用水水质》（NY 5027—2008）的规定，污水、污物处理应符合《畜禽养殖业污染物排放标准》（GB 18596—2001）要求。

鸡场入口处应设置相应的车辆、人员消毒通道和设施，生产区内净道与污道分离，互不交叉。

二、场地的规划与布局

（一）规划与布局的原则

养殖场的规划与布局应遵循科学合理、因地制宜、卫生安全、生态环保、健康可持续发展的根本性原则。

（二）鸡场的总体布局

鸡场的总体布局，亦称为总平面布置，主要是做好各种房舍的平面相对位置的确定。它包括各种房舍分区规划，供水、排水、供电和网络等管线的线路布置，以及场内防疫卫生环境保护设施的安排。合理的总平面布置可以节省土地面积，节省建设投资，给管理工作带来方便。因此，这是一项十分重要的工作。

1. 鸡舍各种建筑物的分区规划

首先，应考虑员工的工作和生活集中场所的环境保护，使其尽量不受饲料粉尘、粪便气味和其他废物的污染；其次，要注意生产鸡群的防疫卫生，尽量杜绝污染源对生产鸡群环境污染的可能性。综合性鸡场对鸡群的防疫环境尤应注意，各个不同日龄的鸡群之间需分成小区，并有一定的隔离设施。鸡场各种房舍分区规划，按地势和风向安排。就地势的高低和主导风向，将各种房舍从防疫环境需要的先后次序，依次排列。如地势与风向不是同一方向，而防疫要求又不好处理时，则以风向为主，与地势的矛盾可用其他设施加以解决，如挖沟设障或利用偏角（与主导风向线垂直的 2 个偏角）。

总之，以使水流绕过和避开主风向为原则。按环境要求和环境保护的需要，养鸡场分区规划先后顺序及总平面布置如图 1-1 所示。

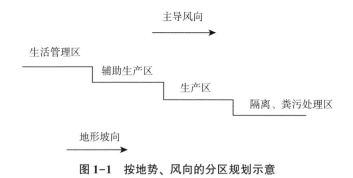

图 1-1　按地势、风向的分区规划示意

鸡场的分区规划，要因地制宜，根据拟建场区的自然条件（地势地形、主导风向和交通道路）的具体情况进行，不能生搬硬套采用别场图纸，尤其是养鸡场的总体平面布置，更不能随便引用。

2. 总体平面布局的主要依据

（1）养鸡场的生产工艺流程　在考虑总平面布局方案时，应选择生产工艺流程各环节中工作联系最频繁、劳动强度最大，又属整个生产最关键的环节为中心，从有利于组织生产活动的原则出发，来安排好各种房舍的平面位置。例如，综合性蛋鸡场从孵化开始，育雏、育成、蛋鸡以及种鸡饲养，完全由本场解决，则各鸡群间生产工艺流程顺序是种鸡（舍）→种蛋（室）→育雏（舍）→育成（舍）→蛋鸡（舍）。由于鸡群类型较多，鸡舍的种类也相应增多。此外，还有生产辅助性用房等，其总平面布局就比较复杂。

养鸡场的性质和规模虽然各异，但从生产工艺的两条主要流程线分析，却有共同之处。其一是饲料（库）→鸡群（舍）→产品（库），房舍间联系最频繁、劳动量最大的是各种鸡舍与饲料库之间及产品库（蛋）之间；另一条为饲料（库）→鸡群（舍）→粪污（场），其末端为粪污处理场。因此，饲料库、蛋库和粪场要靠近生产区，但又不能设在生产区内，因为三者均需与场外联系。饲料库、蛋库或粪场为相反的两个末端，因此，其平面位置也应是相反方向或偏角的位置。

（2）卫生防疫条件　综合性鸡场鸡群组成比较复杂，各种不同年龄、不同批次的大小鸡群同时饲养于一个鸡场中，对生产管理和防疫工作十分不利。因此，对其相应的鸡舍建筑在进行总平面布局时，在饲养区（生产区）内还要分区规划，形成各个不同阶段鸡群的小区，以便为改善防疫环境创造有利条件。各个小区之间既要方便联系，又要符合卫生的要求，并要有防疫隔离的条件。

根据养鸡场的工艺流程，综合性鸡场的总平面布局，同一功能的鸡舍应相对集中，按其流程顺序，将相衔接的两个生产工艺环节尽量靠近。各种鸡舍的平面位置，应该根据鸡群在鸡场生产中的经济价值和鸡群的自然免疫力，以防疫需要为主，依次排列。例如，种鸡群与生产鸡群的两个小区，种鸡区应布置在饲养区防疫环境的最优位置；两个小区中的育雏育成鸡舍又优于成年鸡舍的位置，而且育雏育成鸡舍与成年鸡舍的间距要大于本群鸡舍的间距，并需设防疫沟、防疫墙（或树木、绿篱）、门卡等隔离条件，以确保育雏育成鸡群的防疫安全。为了充分发挥雏鸡舍的利用率，综合性鸡场的种鸡和蛋鸡所需更新的育成鸡，往往采用统一培育，两个小区只在种鸡区内设育雏育成鸡舍，为两个小区培育育成鸡群，不可在蛋鸡区内培育，不利于防疫。有条件的地方，综合性鸡场内各个小区可以加大距离，使之形成各个专业性分场，便于控制疫病。孵化室与场外联系较多，如在一个综合场内，宜建在靠近场前区的入口处，而且要与场内鸡群有隔离条件。如另设分场，则可以单独建点，宜建在鸡场专用道路的入口处，不宜深入场区尽头。种鸡群虽属鸡场的核心，但种鸡舍不能布置在鸡场的中心位置。

（3）改善生产劳动条件　养鸡场的某些饲养管理工作，虽然可以采用劳力密集型的饲养工艺，不必追求机械化程度，但是在生产管理中的一些环节，仍须使用机械，以减轻人的劳动强度，改善劳动条件。有些生产管理环节目前还不具备条件，但也要从长远考虑，便于实行机械化或提高机械化水平创造条件，给以后的发展留有余地。与鸡场总平面布置有关的机械项目，主要是供水和运输两个方面。进行鸡场总平面布置规划设计，需将各种鸡舍排列整齐，便于饲料、粪便、产品、供水等直线往返，减少转弯拐角及机械停行，以提高机械效率，节省功耗。

（4）合理设计铺设道路管线　养鸡场内道路、上下水管道、供电和网络线路的铺设，是鸡场建筑设计中的一项重要内容。这些线路设计是否合理，直接关系着建材和资金的合理使用。而这些道路管线的设计又直接受建筑物的排列和场地规划设计的影响。因此，考虑总平面布局时，在保证鸡舍之间所应有的卫生间隔的条件下，各建筑物之间的距离要尽量缩短，建筑物排列要紧凑，以缩短修筑道路、铺设给排水管道和架设供电外线的距离，节省建筑材料和建场资金。

3. 鸡舍间距

鸡舍间距是鸡场总平面布局的一项重要内容，它关系着鸡场占地面积。而合理的间距应以符合防疫、通风排污和防火三方面的要求为标准。

（1）防疫要求　鸡群以鸡舍分群，鸡舍是鸡群防疫隔离的条件，因此，应尽量减少或杜绝鸡舍之间相互感染疫病的可能性。鸡舍借助通风系统经常排出污秽气体和水汽，这些气体和水汽中夹杂着饲料粉尘和微粒，如某栋鸡舍中的鸡群发生了疫情，病原会通过排出的微小物粒被携带出去，威胁着相邻的鸡群。为了防病，鸡舍排出的污气尘埃等微小物粒，不能进入相邻鸡舍。为此，从防疫卫生要求确定鸡舍间距时，应取最为不利的间距所需要的数值，即当风向与鸡舍长轴垂直时背风面涡旋范围最大的间距。有试验结果表明，背风面涡旋区长度与鸡舍高度成5∶1的比例。因此，开放式鸡舍间距应为5倍的鸡舍高度。而当主导风向入射角为30°～60°时，涡旋长度约为鸡舍高度的3倍，此时对开放式鸡舍的防疫、通风更为有利。对于密闭式鸡舍，由于鸡舍的通风换气多采用相邻鸡舍相互排气和进气，故影响不大，为鸡舍高度3倍的间距即可满足防疫的要求。

（2）通风排污要求　为了改善鸡场的环境，有效地排除各栋鸡舍散逸于场区的污秽气体和粉尘、毛屑等有毒有害物质，鸡舍的间距大小，要考虑场区的排污效果。场区排污需要借助于自然通风，要利用主导风向与鸡舍长轴所形成的角度，可以适当缩小鸡舍间距。当风向角为30°～60°时，背风面的涡旋区较小，此时即使缩小间距，鸡舍建筑群内仍能获得比较好的排污效果。因此，确定鸡舍间距时，为减少占地面积，同时又必须满足场区通风排污效果的需要，可使鸡舍的长轴与主导风向所夹角度取30°～60°，用1.3～1.5倍鸡舍高度的鸡舍间距，即可达到通风排污的要求。

（3）防火要求　鸡舍的防火问题，除了确定建筑材料抗燃性能外，建筑物的防火间距也是一项重要的防火措施。鸡舍的防火间距可以参照民用建筑的防火间距规定。民用建筑的最大防火间距是 12 米，鸡舍多为砖混结构，无须采取最大防火间距，多采用 10 米左右，相当于 2~3 倍鸡舍高度。一般能够满足防疫要求的间距，也可满足防火等其他间距的要求。

鸡舍间距的大小，根据不同要求与鸡舍高度的比值各有不同。排污间距为 2 倍鸡舍高度，防火间距为 2~3 倍鸡舍高度，日照间距为 1.5~2 倍鸡舍高度；防疫间距视鸡舍形式的不同而有差别，为 3~5 倍鸡舍高度。综合几种因素的要求，鸡舍间距取 3~5 倍鸡舍高度，即可满足各方面的要求。

4. 鸡场道路

道路是鸡场布局的一个重要组成部分，是场区建筑物之间、建筑物与建筑设施、场内与场外之间联系的纽带。它对生产活动的正常进行和卫生防疫以及提高工作效率都起着重要作用。它的功能是为人员流动、运输饲料、产品和鸡场的废弃物的处理提供便捷的路线，因此，需要合理的布局和设计。

为了场区环境卫生和防止污染，场内道路应该净污分道，互不交叉，出入口分开。净道是饲料和产品的运输通道；污道为运输粪便、死鸡、淘汰鸡以及废弃设备的专用通道。为了保证净道不受污染，在布局道路时可按梳状布置，道路末端只通鸡舍，不再延伸，更不要与污道贯通。净道和污道以草坪、池塘、沟渠或者果木林带相隔。与场外相通的道路，至场内的道路末端终止在蛋库。料库以及排污区的有关建筑物或建筑设施，不能直接与生产区道路相通。

由于鸡场道路多为末端封闭，需要在道路的尽头设置回车的场地。如果受土地面积限制，无条件设置回车场，可以利用道路与鸡舍一端间距的空地，按道路要求砌成硬地面，作为回车所需的场地。

第二节　蛋鸡场建筑设计

一、蛋鸡场建筑的类型

鸡舍基本上分为两大类型即开放式鸡舍（普通鸡舍）和密闭式鸡舍。

（一）开放式鸡舍

最常见的形式是四面有墙、南墙留大窗户、北墙留小窗户的有窗鸡舍，南边或设或不设运动场。这类鸡舍全部或大部分靠自然通风、自然光照，舍内温、湿度基本上随季节的变化而变化。由于自然通风和光照有限，在生产管理中这类鸡舍常增设通风和光照设备，以补充自然条件下通风和光照的不足。

（二）密闭式鸡舍

密闭式鸡舍又称无窗鸡舍。这种鸡舍顶盖与四壁隔热良好；四面无窗，舍内环境通过人工或仪器控制进行调节。鸡舍内采用人工通风与光照，通过变换通风量的大小，控制舍内温、湿度和空气成分。

二、蛋鸡舍建筑的设计

（一）良好的保温隔热性能

密闭式蛋鸡舍应根据当地气候条件设计鸡舍保温结构，冬季生产无需额外加热。以华北地区产蛋鸡舍为例，围护结构材料建议选用夹芯板，墙体厚度≥150毫米，屋面板厚≥200毫米，屋脊、屋顶、板缝隙≤50毫米，里外做双层脊瓦，拼接空隙应采用聚氨酯发泡胶做密封填充处理，内部做吊顶处理。保温板应采用卡扣拼接处理，保证鸡舍内部平整无凸出，防止外界空气通过拼接缝隙渗透。

（二）智能自动化环境控制设计

对规模化层叠式立体笼养的蛋鸡，应采用全密闭式鸡舍，通过鸡舍风机、湿帘、通风小窗和导流板等环控设备实现自动调控。

1. 高温气候环控模式

夏季应采用湿帘进风、山墙风机排风的通风降温模式，外界高温空气通过湿帘降温，经导流板导流后进入鸡舍，保证舍内温度处于适宜范围。湿帘质量应符合标准《纸质湿帘性能测试方法》（NY/T 1967—2010）。建议采用湿帘分级控制，防止开启湿帘后湿帘端温度骤降。

2. 寒冷气候环控模式

鸡舍采用依靠侧墙小窗进风、山墙风机排风的通风模式，根据鸡舍内部二氧化碳浓度、温度等环境参数进行最小通风，以保障舍内空气环境质量（控制二氧化碳浓度、粉尘、氨气浓度）的同时减少舍内热量损失，最终满足寒冷气候不加温条件下鸡舍温度控制。应根据鸡舍笼具高度、顶棚高度等调整湿帘和侧墙小窗进风口导流板开启角度，保证入舍新风进入鸡舍顶部空间形成射流，使舍内外空气达到较好的混合效果，避免入舍新风直接吹向笼具内造成鸡群冷热应激。

（三）便于清洁消毒

鸡舍地面要高出自然地面25厘米以上，舍内地面要有2%左右的坡度。地面要用水泥硬化，墙壁、屋顶要平整光滑，有利于鸡舍干燥和清洁消毒。

（四）鸡舍面积适宜

鸡舍面积的大小直接影响鸡的饲养密度。因此，要根据实际生产的需要确定恰当的鸡舍面积，面积过大或过小都不利于生产。

三、蛋鸡舍的结构要求

（一）地基与地面

地基应深厚、结实。地面要求高出舍外、防潮、平坦、易于清刷消毒。

（二）墙壁

隔热性能好，能防御外界风雨侵袭。多用砖或石头垒砌，墙外面用水泥抹缝，墙内面用水泥或白灰挂面，以便防潮和利于冲刷。

（三）屋顶

除平养跨度不大的小鸡舍有用单坡式屋顶外，一般常用双坡式。

（四）门窗

门一般设在南向鸡舍的南面。门的大小一般单扇门高2米，宽1米；两扇门高2米，宽1.6米左右。

开放式鸡舍的窗户应设在前后墙上，前窗应宽大，离地面可较低，以便于采光。窗户与地面面积之比为（1∶10）～（1∶8）。后窗应小，约为前窗面积的2/3，离地面可较高，以利夏季通风。密闭鸡舍不设窗户，只设应急窗和通风进出气孔。

（五）鸡舍跨度、长度和高度

鸡舍的跨度视鸡舍屋顶的形式、鸡舍类型和饲养方式而定。一般跨度为：开放式鸡舍6~10米，密闭式鸡舍12~15米。

鸡舍的长度，一般取决于鸡舍的跨度和管理的机械化程度。跨度6~10米的鸡舍，长度一般在30~60米；跨度较大的鸡舍如12米，长度一般在70~80米。机械化程度较高的鸡舍可长一些，但一般不宜超过100米，否则机械设备的制作与安装难度较大，材料不易解决。

鸡舍的高度应根据饲养方式、清粪方法、跨度与气候条件而定。跨度不大、平养及不太热的地区，鸡舍不必太高，一般鸡舍屋檐高度2~2.5米；跨度大，又是多层笼养，鸡舍的高度为3米左右，或者以最上层的鸡笼距屋顶1~1.5米为宜；若为高床密闭式鸡舍，由于下部设粪坑，高度一般为4.5~5米（比一般鸡舍高出1.8~2米）。

（六）操作间与走道

操作间是饲养员进行操作和存放工具的地方。鸡舍的长度若不超过40米，操作间可设在鸡舍的一端，若鸡舍长度超过40米，则应设在鸡舍中央。

走道的位置，视鸡舍的跨度而定，平养鸡舍跨度比较小时，走道一般设在鸡舍的一侧，宽度1~1.2米；跨度大于9米时，走道设在中间，宽度1.5~1.8米，便于采用小车喂料。笼养鸡舍无论鸡舍跨度多大，视鸡笼的排列方式而定，鸡笼之间的走道为0.8~1米。

（七）运动场

开放式鸡舍地面平养时，一般都设有运动场。运动场与鸡舍等长，宽度约为鸡舍跨度的2倍。

（八）主要建筑物的要求

1. 孵化厂各类建筑物的要求

（1）种蛋接收与装盘室　种蛋经消毒处理后，在此室剔除破损和不合格种蛋，然后装盘，上蛋架车。因此，此室的面积宜宽大些，以利于蛋盘的码放和蛋架车的运转。室温保持在18~20℃为宜。

（2）消毒室　用作对待孵的种蛋进行熏蒸或喷雾消毒处理。此室不宜过大，应按1次熏蒸种蛋总数计算。门、窗、墙、天花板的结构要严密，并设排气装置。

（3）种蛋存放室　此室的墙壁和天花板应隔热性能良好，通风缓慢而充分。设置空调机，使室温保持在13~15℃。

（4）孵化室　此室的大小由选用的孵化机的机型、数量来决定。孵化机顶板至吊顶的高度应大于1.6米。无论双列或单列排放均应留足工作通道，孵化机前约30厘米处应开设排水沟，上盖铁栅栏，栅孔1.5厘米，并与地面保持齐平。孵化室的水磨地面应平整光滑，地面的承载压力应大于7千帕。室温保持在22~24℃。孵化室的废气通过水浴槽排出，以免雏鸡绒毛被吹至户外后，又被吸进通风系统而重新带入孵化场各房间中。专业孵化场应设预热间。

（5）出雏室　基本要求与孵化室相同。

（6）洗涤室　孵化室和出雏室旁应单独设置洗涤室，分别洗蛋盘和出雏盘。洗涤室内应设有浸泡池。地面设有漏缝板的排水阴沟和沉淀池。

（7）雏鸡性别鉴定和集装室　室温应保持在29~31℃，用于雏鸡性别鉴定及注射马立克疫苗与分级。

（8）雏鸡存放室　装箱后的暂存房间，室外设雨篷，便于雨天装车。室温要求在25℃左右。

2. 育雏舍的建筑要求

育雏舍是养育从出壳至6周龄雏鸡的专用房舍。由于人工育雏需保持较稳定的温度，无论采用哪种给温方式，室温范围都应为20~25℃，逐渐下降，不宜低于20℃。因此，育雏舍的建筑要求与其他鸡舍不同，其特点为房舍较矮，墙壁较厚，地面干燥，屋顶装设天花板，以利于保温。同时，要求通风良好，但气流不宜过速，既保证空气新鲜，又不影响温度变化。在采用笼养方式时，其最上一层与天花板的距离应有1.5米的空间。

育雏舍的建筑有开放式和密闭式两种，可根据地区气候条件、育雏季节和育雏任务选用。开放式简易育雏舍，可采用单坡或双坡单列式，跨度为5~6米，高度2.6米左右，北面墙应稍厚，可留1米左右的通道，南面设置小运动场，其面积约为房舍面积的2倍。密闭式育雏舍与其他密闭式鸡舍的建筑要求相同，它是一种顶盖和四壁隔热良好、无窗（附设有应急窗）、完全密闭（只有进、出气孔与外界沟通）的鸡舍。舍内的小气候通过各种设施进行控制或调节，使之尽可能地接近最适宜于鸡体生理机能的需要。进行人工通风和光照，通过变换通风量的大小和速度在一定程度上控制舍内的温度和相对湿度，使维持在一个比较合适的范围内。这种鸡舍虽然造价高、投资大，但能调节环境，多年使用，而且饲养密度大，成活率高。因此，目前国内外的许多大型机械化养鸡场多采用密闭式鸡舍。育雏舍的建筑形式、大小和栋数，随鸡场的性质以及内部设施的要求而不同。在采用笼养方式和环境调节的情况下，对于雏鸡接收阳光和附设运动场等条件，可不予考虑。

3. 育成鸡舍的建筑要求

育成鸡舍是养育离温后的雏鸡转入育成阶段的专用房舍。其建筑要求有足够的活动面积，以保证生长发育的需要，使育成鸡具有良好的体质。因此，无论采用何种管理方式，对每平方米的容纳密度应有合理的安排。

开放式育成鸡舍，可以充分利用阳光，保证空气新鲜，并可设宽敞的运动场，扩大活动面积。对冬季的保温和夏季的防暑，必须备有取暖和降温的设施。特别是对种鸡和商品蛋鸡，为防止早熟，保证适时开产，执行光照制度时，又必须备有遮光设施。因此，开放式育成鸡舍受自然环境因素的影响较大，其利用率和使用效果都不够理想。

密闭式育成鸡舍，其建筑要求如育雏室所述，由于可以实现人为控制环境，故无论采用网上平养或层叠式笼养，均可取得良好成绩，且能长年周转使用，充分发挥鸡舍和设备的经济效益。

育雏舍和育成鸡舍二者的建筑面积和容纳密度，应根据本场的饲养水平和规模，有计划地进行配套，以便合理安排周转使用。

4. 产蛋鸡舍的建筑要求

产蛋鸡舍的建筑形式有开放式、密闭式和开放与密闭综合式等，应因地制宜选择。产蛋鸡舍的建筑面积，以各种饲养管理方式而不同。目前，一般较大规模的蛋鸡场基本上采用笼养。笼养产蛋鸡的鸡笼排列形式有以下几种类型：叠层式、全阶梯式、半阶梯式、阶梯叠层综合式、单层平置式等。选用某一种类型时，应配合建筑形式，并考虑饲养密度、清粪和通风换气设施三者之间的关系。

规模化立体笼养蛋鸡应采用装配式钢结构，建议采用单跨双坡型门式钢架结构，梁、柱等截面宜采用工字钢，檩条、墙梁为冷弯卷边 C 型钢，钢柱应沿建筑内墙外侧排布，并做贴面处理。

5. 饲料加工间和饲料库的建筑要求

鸡场饲料加工间和饲料库，其建筑面积根据鸡群规模和不同日龄的饲料需要量及当地供应的原料种类等因素进行设计。特别是有些地区还没有饲料公司供应各种定型的全价饲料，需由各场自行加工，按不同营养需要的配方配制日粮。为此，鸡场的饲料加工用房，应包括有原料仓库、粉碎加工间、搅拌混合间或附设压粒和烘干间、成品贮藏库等。其粉碎、搅拌的动力和装备，至少应能满足 1 周以上的需要量；成品贮藏库的容量，应能贮备各种配方日粮 2~3 周的需要量，以便更换饲料品种时留有缓冲过渡的余地。

6. 生活用房的建筑要求

鸡场的生活用房，包括员工宿舍、食堂、托儿所或幼儿园等。主要是解决职工生活福利的需要，可根据人员编制及具体情况考虑安排。一般生活用房应修建在场外的生活区内。

7. 行政用房建筑要求

鸡场的行政管理用房，包括门卫传达室、进场消毒室、办公室、试验室、车库、电机房、垫料库等。场内若无孵化室时还应另设蛋库。

鸡场的大门出入口，应设有汽车消毒池，大小为300厘米×（15~20）厘米，并附有0.4兆帕气压的水龙头冲洗车轮，防止车轮带来疫病。进场消毒池应设有更衣间、卫生间、淋浴间、工作服间等，供职工使用。

办公室可分设场长室、技术室、会议室（接待和学习兼用）等，供日常办公和职工业余活动之用。

试验室应分设病理解剖室、处理间和焚化室等。虽属行政用房，但不得建在行政区内，而应设在生产区下风向的地方，并用围墙加以隔离。

以立体笼养为例，蛋鸡场占地面积可参考表1-1。

表1-1　养殖场占地及建筑面积　　　　　　　　　　　　　（米²/万只）

饲养工艺	占地面积	总建筑面积	生产建筑面积	辅助生产建筑面积	公用配套建筑面积	生活管理建筑面积
6层叠	2 000~2 800	350~400	220~280	80~130	8~15	18~25
8层叠	1 400~2 500	250~350	200~250	20~30	5~10	10~20

四、蛋鸡舍建造实例

（一）西北地区规模养鸡场设计

西北地区地域辽阔，包括陕西、甘肃、宁夏回族自治区（以下简称宁夏）、青海、新疆维吾尔自治区（以下简称新疆）。西北地区地处亚欧大陆腹地，大部地区降水稀少，全年降水量多数在500毫米以下，属干旱半干旱地区，冬季严寒、夏季高温，气候干旱是西北地区最突出的自然特征。同时，西北地区也属于经济欠发达地区，因此鸡场设计既要综合考虑资金、技术、人员配备、环保、节能等方面因素，又要考虑鸡舍冬季保温、夏季降温的问题，结合农业农村部实施蛋鸡标准化规模养殖示范创建活动、西北蛋鸡养殖实际及未来发展，西北地区不同规模鸡场以适合农户群体（1万~5万只）、中等规模群体（5万~10万只）、集约化养殖20万只以上3种模式为主。

1. 鸡场设计的原则

（1）场址选择　鸡场选址不得位于《中华人民共和国畜牧法》明令禁止

的区域。应遵循节约土地、尽量不占耕地，利用荒地、丘陵山地的原则；远离居民区与交通主干道，避开其他养殖区和屠宰场。

①地形地势。应选择在地势高燥非耕地地段，在丘陵山地应选择坡度不超过20°的阳坡，排水便利。

②水源水质。具有稳定的水源，水质要符合《无公害食品 畜禽饮用水水质》（NY 5027—2008）标准。

③电力供应。采用当地电网供应，且备有柴油发电机组作为备用电源。

④交通设施。交通便利，但应远离交通主干道，距交通主干道不少于1 000米以上，距居民区500米以上。

（2）场区规划

①饲养模式。采用"育雏育成"和"产蛋"两阶段饲养模式。

②饲养制度。采用同一栋鸡舍或同一鸡场只饲养同一批日龄的鸡，"全进全出"制度。

③单栋鸡舍饲养量。建议半开放式小型鸡场每栋饲养5 000只以上，大中型鸡场密闭式鸡舍单栋饲养1万只、3万只或5万只以上。

（3）布局

①总体原则。结合防疫和组织生产，场区布局为生活区、办公区、辅助生产区、生产区、污粪处理区。

②排列原则。按照主导风向、地势高低及水流方向依次为生活区→办公区→辅助生产区→生产区→污粪处理区。地势与主导风向不一致时，则以主导风向为主。

生活区：在整个场区的上风向，有条件最好与办公区分开，与办公区距离最好保持在30米以上。

办公区：鸡场的管理区，与辅助区相连，要有围墙相隔。

辅助生产区：主要有消毒过道、人员入场冲洗消毒设施、饲料加工车间及饲料库、蛋库、配电室、水塔、维修间、化验室等。

生产区：包括育雏育成鸡舍、蛋鸡舍。育雏育成鸡舍应在生产区的上风向，与蛋鸡舍保持一定距离。一般育雏育成鸡舍与蛋鸡舍按1∶3配套建设。

污粪处理区：在鸡场的下风向，主要有焚烧炉、污水和鸡粪处理设施等。

③鸡场道路。分净道和污道。净道作为场内运输饲料、鸡群和鸡蛋的道路；污道用于运输粪便、死鸡和病鸡。净道和污道二者不能交叉。

2. 鸡舍建筑设计

鸡舍建筑设计是鸡场建设的核心，西北地区在鸡舍设计上要考虑夏季防暑降温、冬季保暖的问题。

（1）鸡舍朝向及间距

①鸡舍朝向。采用坐北朝南，东西走向或南偏东15°左右，有利于提高冬季鸡舍保温和避免夏季太阳辐射，利用主导风向，改善鸡舍通风条件。

②鸡舍间距。育雏育成舍10~20米，成鸡舍10~15米；育雏区与产蛋区要保持一定距离，一般在50米以上。

（2）鸡舍建筑类型　根据西北气候特点，应以密闭式和半开放式鸡舍为主。

①密闭式鸡舍。鸡舍无窗，只有能遮光的进气孔，机械化、自动化程度较高，鸡舍内温湿度和光照通过调节设备控制。要求房顶和墙体要用隔热性能好的材料。

②半开放式鸡舍。也称有窗鸡舍，南墙留有较大窗户，北墙有较小窗户。这类鸡舍全部或大部靠自然通风、自然光照，舍内环境受季节的影响较大，舍内温度随季节变化而变化；如果冬季鸡舍内温度达不到要求，一般西北地区冬季在舍内加火炉或火墙来提高温度。

（3）鸡舍结构要求

①地基与地面。地基应深厚、结实，舍内地面应高于舍外，大型密闭式鸡舍水泥地面应做防渗、防潮、平坦处理，利于清洗消毒。

②墙壁。要求保温隔热性能好，墙面外加保温板，能防御风雨雪侵袭；墙内面用水泥挂面，以便防潮和利于冲洗消毒。

③屋顶。密闭式鸡舍一般采用双坡式，屋顶密封不设窗户，采用H型钢柱、钢梁或C型钢檩条，屋面采用10厘米厚彩钢保温板。

④门窗。全密闭式鸡舍门一般设在鸡舍的南侧，不设窗户，只有通风孔，在南北墙两侧或前端工作道墙上设湿帘。半开放式鸡舍门一般开在净道一侧工作间，双开门大小1.8米×1.6米。窗户一般设在南北墙上，一般为1.2米×0.9米（双层玻璃窗），便于采光和通风。

通过多年的摸索，宁夏一些鸡场在夏季防暑降温上大胆创新，采用空心砖作为湿帘，应用效果较好，主要是西北地区风沙比较大，对纸质湿帘的使用寿命有影响，冬季用保温板或用泥涂抹后即可解决保温问题。

⑤鸡舍跨度、长度和高度。鸡舍的跨度、长度和高度依鸡场的地形、采用的笼具和单栋鸡舍存栏而定。例如密闭式鸡舍，存栏1万只，采用3列4道4阶梯，跨度11.4~13.8米，长度65米、高度3.6米（高出最上层鸡笼1~1.5米）。半开放式鸡舍存栏5 000只，采用3列4道3阶梯式，鸡舍长40米，跨

度 10.5 米，高度 3.6 米。

3. 鸡舍设备

（1）鸡笼　成阶梯式或层叠式。

（2）自动喂料系统　行车式，半开放式鸡舍也可采用人工喂料。

（3）自动饮水系统　乳头式。

（4）自动光照系统　节能灯、定时开关系统。

（5）清粪系统　刮粪板、钢丝绳、减速机。

4. 特点

标准化规模养殖是今后一个时期我国蛋鸡养殖的发展方向，它在场址选择、布局上要求较高，各功能区相对独立且有一定距离，生产区净道和污道分开，不能交叉，采用全进全出的饲养模式，有利于疫病防控。同时，密闭式鸡舍由于机械化、自动化程度高，需要较大的资金投入，造价高，但舍内环境通过各种设备控制，可减少外界环境对鸡群的影响。提高了饲养密度，可节约土地，并能够提高劳动效率。半开放式鸡舍与密闭式相比，土建和鸡舍内部设备投资相对较少，造价低。但外部环境对鸡群的影响较大。

5. 成效

标准化、规模化养鸡场的建设，在鸡场场址选择、布局、鸡舍建设、鸡舍内部设施以及附属设施建设上要求较高，必须严格按照标准进行，同时采取了育雏育成期和产蛋期两阶段的饲养模式，实施"全进全出"的饲养管理制度，有效地阻断了疫病传播，提高了鸡群健康水平。全自动饲养设备，配套纵向通风湿帘降温系统和饮水、喂料、带鸡消毒等自动化工艺，先进的自动分拣、分级包装设备，极大地提高了劳动效率。采用全自动设备养鸡，使鸡舍小环境得到有效控制，蛋鸡的生产性能得到充分发挥，主要表现在育雏育成成活率高达97%以上，产蛋期成活率在94%以上；77 周龄淘汰，料蛋比 2.20∶1。

（二）华南丘陵地区开放式蛋鸡舍建设模式

我国南方广大地区，夏季气温高，持续时间长，属于湿热性气候。7月份平均气温为 28～31℃，最高气温达 30～39℃，日平均温度高于 25℃的天数，每年约有 75～175 天。盛夏酷暑太阳辐射强度高达每平方米 390～1 047 瓦。据资料分析，南方开放式鸡舍在酷热期间，饲料耗量下降 15%～20%，产蛋率下降 15%～25%，而耗水量却上升 50%～100%，同时各种疾病的抵抗能力也下降。如何克服夏季高温对鸡只生产的影响一直是南方高密度养鸡的一大技术难题。在夏天，当舍内温度较高时，鸡舍通风是实现鸡舍内降温的有效途径，在通风降温的同时，可排出舍内的潮气及二氧化碳、氨气、硫化氢等有害气体，也可将鸡舍内的粉屑、尘埃、菌体等有害微生物排出舍外，对净化舍内空气，起到了有利作用。

当前在推动蛋鸡标准化养殖的过程中，多数从业者倾向采用纵向通风水帘降温的机械通风方式，这种方式已被证明是南方炎热地区夏季降低舍内温度的有效方式。但机械通风耗能大，生产成本相对较高。实际上如果能充分利用地形地貌，因地制宜，巧妙规划设计开放式鸡舍的自然通风，则可充分利用自然热压与风压，从而大大节约机械通风所需的能源，极为经济。基于良好的生产管理，自然通风鸡舍同样能取得良好的生产成绩。

1. 鸡场的选址

场地选择是否得当，关系到卫生防疫、鸡只的生长以及饲养人员的工作效率，关系到养鸡的成败和效益。场地选择要考虑综合性因素，如面积、地势、土壤、朝向、交通、水源、电源、防疫条件、自然灾害及经济环境等，一般场地选择要遵循如下几项原则。

（1）有利于防疫　养鸡场地不宜选择在人烟稠密的居民住宅区或工厂集中地，不宜选择在交通来往频繁的地方，不宜选择在畜禽贸易场所附近；宜选择在较偏远而车辆又能到达的地方。这样的地方不易受疫病传染，有利于防疫。

（2）场地宜在高燥、干爽、排水良好的地方　鸡舍应当选择地势高燥、向阳的地方，避免建在低洼潮湿的水田、平地及谷底。鸡舍的地面要平坦而稍有坡度，以便排水，防止积水和泥泞。地形要开阔整齐，场地不要过于狭长或边角太多，交通水电便利，远离村庄及污染源。

在山地丘陵地区，一般宜选择南坡，倾斜度在20°以下。这样的地方便于排水和接纳阳光，冬暖夏凉。而本技术的关键之一是因地制宜，充分利用丘陵地区的自然地形地貌，如利用林带树木、山岭、沟渠等作为场界的天然屏障，将鸡舍建在山顶，达到防暑降温的目的。

（3）场地内要有遮阴　场地内宜有竹木、绿树遮阴。

（4）场地要有水源和电源　鸡场需要用水和用电，故必须要有水源和电源。水源最好为自来水，如无自来水，则要选在地下水资源丰富、适合于打井的地方，而且水质要符合人饮用的卫生要求。

（5）下风处　应选在村庄居民点的下风处，地势低于居民点，但要离开居民点污水进出口，不应选在化工厂、屠宰场等容易造成环境污染企业的下风处或附近。

（6）要远离主要交通要道（如铁路、国道） 远离村庄至少 300~500 米，要和一般道路相隔 100~200 米距离。

2. 鸡舍的建筑标准

（1）鸡舍规格 应建成高 2.4 米（即檐口到地面高度），宽 8~12 米，长度依地形和饲养规模而定。每 4 米要求对开 2 个地脚窗，其大小为 35 厘米×36 厘米。鸡舍不能建成有转弯角度。鸡舍周围矮场护栏采用扁砖砌成，要求砌 40~50 厘米（即 4~5 个侧砖高），不适宜过高，导致通风不良。一栋鸡舍间每 12 米要开设瓦面排气窗一个，规格为 1.5 米×1.5 米，高 30 厘米，排气窗瓦面与鸡舍瓦面抛接位要有 40 厘米。

（2）鸡舍朝向 正确的鸡舍朝向不仅有助于舍内自然通风、调节舍温，而且能使整体布局紧凑，节约土地面积。鸡舍朝向主要依据当地的太阳辐射和主导风向这两个因素加以确定。

①我国大多数地区夏季日辐射总量东西向远大于南北向；冬季则为南向最大，北向最小。因此从防寒、防暑考虑，鸡舍朝向以坐北朝南偏东或偏西 45°以内为宜。

②根据通风确定鸡舍朝向，若鸡舍纵墙与冬季主风向垂直，对保温不利；若鸡舍纵墙与夏季主风向垂直，舍内通风不均匀。因此从保证自然通风的角度考虑，鸡舍的适宜朝向应与主风向成 30°~45°角。

（3）鸡舍的排列 场内鸡舍一般要求横向成行，纵向成列。尽量将建筑物排成方形，避免排成狭长而造成饲料、粪污运输距离加大，管理和工作不便。一般选择单列式排列。

3. 材料选择及建筑要求

①鸡舍使用砖瓦结构，支柱不能用竹、木，必须用水泥柱或扁三余砖柱。

②地面用水泥铺设。在铺水泥地面之前采用薄膜纸过底。水泥厚 4~5 厘米，舍内地面要比舍外地面高 30 厘米左右。

③鸡舍四周矮墙以上部分的薄膜纸或彩条布要分两层设置，即上层占 1/3 宽，下层占 2/3 宽或设计成由上向下放的形式，以便采用多种方式进行通风透气及遮挡风雨。

④鸡舍屋顶最低要求采用石棉瓦盖成，最好采用锌条瓦加泡沫隔热层，不得采用沥青纸。

4. 特点

充分利用了华南地区丘陵地形地貌，因地制宜，巧妙规划设计开放式鸡舍的自然通风，从而大大节约机械通风所需的能源，极为经济。

5. 成效

巧妙利用丘陵地区的地形地貌设计建造的开放式鸡舍饲养蛋鸡（如罗曼粉壳蛋鸡），在良好的生产管理条件下，产蛋高峰期产蛋率可达97%，其中90%以上产蛋率可维持6~8个月。相对于纵向通风水帘降温的密闭式鸡舍，开放式鸡舍最大的优势是大大降低了能源成本。此外，它还具有如下优点。

①鸡只能充分适应自然条件，可延长产蛋期，产蛋期死亡率较低。

②由于鸡只适应自然环境变化，淘汰鸡在抓鸡、运输等过程中的应激适应性强，死亡率低，深受淘汰鸡销售客户的欢迎。在广东地区开放式鸡舍养殖的蛋鸡其淘汰鸡出场价每500克比密闭式鸡舍的鸡高1元以上。

第三节　蛋鸡场的生产设备

现代化养鸡生产，日趋高度集约化和工厂化，生产过程已逐步从部分环节机械化发展为全程机械化。养鸡生产过程中的机械化、自动化、智能化的基础是各种养鸡设备。养鸡设备按系列可分为孵化、育雏、育成、产蛋、喂食、饮水、清粪、集蛋、饲料加工、鸡舍通风采暖与照明等设备。现将养鸡场的各种主要设备和用具介绍如下。

一、孵化设备

（一）孵化器

孵化器种类繁多，规格各异，自动化程度也不同。对孵化器的选择原则是：温差小、孵化效果好、安全可靠、便于操作管理、美观实用。孵化器分为箱式和室式两种，箱式孵化器容量一般在几千枚至几万枚种蛋，适用于中小型养鸡场；室式孵化器也称巷道式孵化器，外形如房间，人可以进入室内，种蛋容量大，适用于大型化养鸡场。

（二）出雏机

出雏机是与孵化机配套使用的设备，鸡蛋入孵18天后转入出雏机。出雏机的结构和使用与孵化机大体相同，所不同的是没有翻蛋机构，孵化蛋进入出雏期不能翻蛋；用出雏盘代替蛋盘，用出雏车代替蛋架车。蛋盘比较矮，便于

17

通风；出雏盘较高，防止雏鸡掉落。出雏机温度控制在 37.3℃，湿度 65%～70%，出雏时需要大量氧气，因此进出孔面积不能小于孵化器，通常将通风口全部敞开。

二、饲养管理设备

（一）笼具

1. 育雏笼

一般为四层重叠式育雏笼，可多组并联起来，包括电热控温育雏器和普通活动采食笼，每单笼长为 1.4 米，宽为 0.7～0.9 米，高 1.7～1.8 米，笼层高 33 厘米，承粪间距 10 厘米，四周为可调节的采食、饮水挡网，外挂食槽或水槽，每组饲养量 200～300 只。

2. 育成笼

适用于饲养 7～20 周龄育成鸡，有四层阶梯式和叠层式。四层阶梯笼每层笼长 1.9 米、宽 0.38 米、高 0.34 米，全架笼宽为 2.1 米、高 1.6～1.8 米，饲养量 160 只左右；四叠层育成笼全长 1.8～1.9 米、宽 1.26 米、高 1.7～1.85 米，饲养量 200～220 只。

3. 蛋鸡笼

蛋鸡笼大小尺寸，通常是以来航鸡为设计基础。鸡笼的容积须能满足其一定的活动面积、一定的采食位置和一定的高度，同时为了使产下的蛋能及时滚出笼外，其笼底应有一定的倾斜度。根据以上要求，蛋鸡笼的排列须由许多小的单体笼组成，每个单体小笼有养 2 只、3 只或 4～5 只鸡的。蛋鸡单体笼的尺寸，一般前高为 445～450 毫米，后高为 400 毫米，笼底坡度为 9°～10°，笼深为 310～350 毫米，伸出笼外的集蛋槽为 120～160 毫米。笼宽以采食位置而定，每只鸡的采食位置为 100～110 毫米。产蛋鸡笼的种类，有个体记录育种二阶梯笼，人工授精种鸡二阶梯笼、三阶梯笼，普通三阶梯蛋鸡笼等。阶梯式有全架和半架、全阶梯和半阶梯之分。

现代化的蛋鸡立体养殖采用 4 层或 4 层以上叠层笼养（表 1-2），单位面积饲养量 ≥30 只/米^2，单栋饲养量 5 万只以上，每平方米年产蛋量可达 0.48 吨。笼具笼网和笼架应采用热浸锌或镀镁铝锌合金材料，设备故障率较阶梯笼养降低 10%，设备使用寿命延长 5～6 年。

表1-2 主要饲养工艺及生产性能

主要饲养工艺	单位饲养量（只/米²）	单栋饲养量（万只）	单位年产蛋量（吨/米²）
阶梯笼养	12~18	2~3	0.2~0.3
4~8层叠层笼养	30~60	5~10	0.48~0.96
10~12层叠层笼养	75~90	12.5~20	1.2~1.44

（二）喂料设备

家禽的饲料消耗通常占总开支的70%~80%，而给料工作占用的劳动力也最多。因此，大型机械化养鸡场为提高劳动效率，采用机械自动喂料系统。

1. 链式给料机

链式给料机是普遍采用的一种给料机械，适用于平养或笼养。它由盛料箱、链环及长料槽、转角轮、驱动器等部分组成。链环装在长料槽内，长料槽的转角处设有转角轮。工作时，驱动器通过链轮将链环带动，使它在长料槽内循环回转。当链环通过盛料箱的底部时，即将箱中的饲料带出，运送到长料槽中。长料槽用可调支架直接架设在地面上，或用吊索和绞车吊挂在屋梁上。每条长料槽的间距为2~3米。笼养时，长料槽设在笼前的适当高度，并保持同一水平。

2. 螺旋式给料机

螺旋式给料机是近年来普遍用于平养的一种饲料输送机械。整套系统包括贮料塔、盛料箱、驱动器、料盘和手动绞车等。饲料由舍外贮料塔先输送至舍内盛料箱，再由盛料箱分送到各料盘里。两个工序均用螺旋式输送机分别完成。螺旋式给料机适应不同日龄和各品种鸡群的饲养要求。每10米²的鸡舍面积内应设置3个料盘。每个料盘能满足50~60只鸡的需要。

3. 塞盘式给料机

塞盘式给料系统亦分为饲料输送机和自动给料机两部分，与螺旋式给料系统相似。塞盘式饲料输送机安装在贮料塔的底部，由塞盘链、驱动器、输料管、转角轮和回料管等部分组成。工作时，驱动器带动塞盘链，使其在输料管和回料管中循环回转，于是塞盘链就把饲料从塔底带出，沿输料管输送到舍内的盛料箱中。

4. 给料车

给料车分骑跨式给料车和自走式给料车两种。骑跨式给料车又称抱笼式给料车，常用于叠层式或阶梯式笼养鸡舍。在鸡笼架的顶部装有角钢或工字钢制的轨道，轨上装有四轮小车。小车由钢索牵引，或安装 1 台 400 瓦的减速电动机，电器控制箱也装在给料车上。车的两侧挂有盛料斗，车的底部逐渐倾斜而缩小，形成下料口，并伸入料槽内，与槽底保持 30 毫米左右的间隙。自走式给料车一般常用于单层笼养鸡舍，由于它的盛料箱容量有限（300 千克左右），不宜用于 2 层以上的笼养。

自走式给料车的动力，有蓄电瓶式和汽油机式两种。给料车从贮料塔装来饲料，运行到鸡笼附近，靠伸出来的螺旋输送器把饲料提升到滑道里，直接往料槽给料；当螺旋输送器停止工作时，器内的饲料又自行滑回料箱。滑道的角度可以调节，以适应不同高度的料槽。滑道用后还可以折叠起来，便于行走。

5. 料槽

料槽的材料，一般采用 24 ~ 26 号镀锌铁板，焊锡接缝，不易生锈腐蚀。料槽口需用 2 ~ 3 毫米的铁丝卷边，增加强度和防止变形。连接成长料槽时，应注意保持水平。料槽设计时，应考虑到鸡的采食方便，防止甩料造成浪费，同时要考虑到取材经济耐用，加工制造工艺简单。料槽的宽度既要满足机械给料的需要，又要照顾手工给料时也较方便。

6. 喂料桶

料桶容量因鸡龄而异，有 2.5 ~ 10 千克简易料桶或与螺旋弹簧自动送料联用。

7. 开食盘

多为塑料或木板制成的圆形或方形食盘。

8. 机械自动喂料系统

大型层叠式多层笼养蛋鸡时，采用全自动机械化送料和饲喂系统，包括贮料塔、螺旋式输料机、喂料机、匀料器、料槽和笼具清扫等装备。料塔和中央输料线应带有称重系统，满足鸡舍每日自动送料、喂料需求。以单栋饲养量 10 万只为例，产蛋期蛋鸡采食量为 100 ~ 109 克/（天·只），饲喂系统应保证每天至少提供 10 吨饲料，料塔容量应满足鸡只 2 天的采食量。喂料机通常包括料盘式、行车式和链条式等，建议采用行车喂料系统。笼具各层设有料槽，行车沿料槽布置方向运行时各层出料口实现同时出料。

(三) 饮水设备

饮水设备分为乳头式、杯式、槽式、吊塔式和真空式。雏鸡开始阶段和散养鸡多用真空式、吊塔式和水槽式，笼养鸡和平养鸡现在趋向使用乳头式饮水器。

1. 槽式饮水器

槽式饮水器使用相当普遍。通常多采用 V 形或 U 形水槽，深度为 50~60 毫米，上口宽 50 毫米，前者的底角呈 45°。水槽的供水方式有两种：一种方式是采用长流水，另一种方式是利用浮球阀自动供水。槽式饮水器的优点是取材和制造简单，稳定可靠。缺点是如发生鸡病，鸡群中容易传染；水槽里易落入饲料、粪便和灰尘等杂物，需定期清洗。

2. 杯式饮水器

杯式饮水器是由阀帽、挺杆、触发板和水杯等部分组成。当水杯与自来水管接通时，由于水压作用，将阀帽封闭；若要使水进入水杯，用手指轻压触发板，触动挺杆而将阀帽推开，水即进入杯内。使用杯式饮水器时，必须注意水的清洁和具有合适的水压。

3. 吊塔式饮水器

吊塔式饮水器用无毒塑料制成，由饮水盘、配重物（沙袋或水袋）或防摆杆、软管和弹簧开关等构成。饮水器通过拉簧及绳索悬吊在屋梁上，另由软管将水引进圆盘槽内。加水时，水在盘槽里升高 1/3 左右，由于水的重量把弹簧拉长，压紧软管停水。当饮水消耗到一定程度，水盘重量减轻，弹簧收缩而松开软管，水又流进盘槽。使用时，饮水器的吊挂高度必须合适，务必使盘槽边缘与雏鸡的背部或成鸡的眼部齐平。

4. 乳头式饮水器

这是供水系统中另一种理想的鸡用饮水器。它的特点是适应鸡仰头饮水的习性，比其他形式的饮水器更便于防疫、清洁卫生、节约用水，并可免除清洁刷洗工作；结构简单，日常维护保养工作量少。但它要求制造精度较高，否则易产生漏水现象。乳头式饮水器的构造，由于取材各异而类型很多，但其工作原理基本相同，主要由阀体、阀座和阀芯等部件组成，组装好的饮水器将其与尼龙水管管壁的开孔连接。由于管内水压，使阀芯经常关闭。鸡饮水时向上触动下阀芯，于是阀门开启，水即缓缓地流出。

5. 自动饮水设备

大型层叠式多层笼养蛋鸡时，应采用乳头饮水线式自动饮水系统，包括饮水水管、饮水乳头、加药器、调压器、减压阀、反冲水线系统和智能控制系统。鸡舍水线进水处应设置加药器、过滤器，实现饮水过滤和自动化饮水加药。育雏育成前期，各层靠近笼顶网和料槽一侧，应设有高度可调节饮水管线，各笼布置2~3个乳头饮水器，在乳头饮水器下方安装水杯；育成后期和产蛋期，在中间隔网与顶网之间安装饮水管线和 V 形水槽，防止饮水漏至清粪带上。饮水管线等应采用耐腐蚀塑料材质。各层水线应设置水压调压器，保证各层水线前端和尾端充足供水。

（四）环境控制设备

1. 保温设备

（1）育雏伞　亦称伞形育雏器，是养鸡场给雏鸡育雏期保温广泛使用的常规设备。常用的 94YH—1300 型育雏伞，高度 250 毫米，装有温度控制器，控温范围 20~50℃，有效加温面积为 2 米²，功率为 1.2 千瓦，每伞可容纳雏鸡 350~500 只。

（2）红外线育雏器　分红外线热灯泡和远红外线加热器两种。红外线灯泡的规格为 250 瓦，有发光和不发光两种，使用时由 4 个灯泡等距连成一组，悬挂于离地面 40~60 厘米高处，随所需温度进行升降调节。用红外线灯育雏，温度稳定，垫料干燥，育雏效果良好，但耗电多，灯泡容易老化，成本较高。远红外线加热器是利用远红外线发射源发出远红外辐射线，为加热的物体所吸收而使物体升温，达到加热的目的。它不仅能使室内温度升高，空气流通，环境干燥，并且具有杀菌及增加动物体内血液循环、促进新陈代谢、增强抗病能力的作用。

（3）热风炉　由热风炉和轴流风机组成。它是以空气为介质，煤为燃料，为鸡舍提供无污染的洁净热空气，用于鸡舍的加温。优点是设备结构简单，热效率高，送热快，成本低。

（4）生活用取暖铁煤炉　常用的生活用取暖炉每个可供 10 米² 采暖使用，但一定要装排气烟囱。

2. 通风降温设备

（1）通风设备　开放式鸡舍一般采用自然通风，密闭式或半密闭式鸡舍需强制通风。

通风机用来供给新鲜空气，排出舍内多余的水汽、热量和有害气体。气温高时可增大气体流动量，使鸡感到舒适。通风机分为轴流式和离心式两种。在采用负压通风的鸡舍里，使用轴流式风机，在正压式通风的鸡舍里，主要使用离心式风机。

①轴流风机。主要由外壳、叶片和电机组成，叶片直接安装在电机的转轴上。轴流风机风向与轴平行，具有风量大、耗能少、噪声低、结构简单、安装

维修方便、运行可靠等特点，而且叶片可以逆转，以改变输送气流的方向，而风量和风压不变。因此，既可用于送风，也可用于排风。但风压衰减较快。目前鸡舍的纵向通风多用节能、大直径、低转速的轴流风机。

②离心风机。主要由蜗牛形外壳、工作轮和机座组成。这种风机工作时，空气从进风口进入风机，旋转的带叶片工作轮形成离心力将其压入外壳，然后再沿着外壳经出风口送入通风管中。离心风机不具逆转性，但产生的压力较大，多用于畜舍热风和冷风输送。

（2）降温设备

①湿帘风机降温系统。该系统由湿帘（也称湿垫）、风机、循环水路和控制装置组成。具有设备简单、成本低廉、降温效果好、运行经济等特点，比较适合高温干燥地区。

在湿帘风机降温系统中，关键设备是湿帘。国内使用比较多的是纸质湿帘，采用特种高分子材料与木浆纤维空间交联，加入高吸水、强耐性材料胶结而成，具有耐腐蚀、使用寿命长、通风阻力小、蒸发降温效果高、能承受较高的过流风速、安装方便、便于维护等特点。湿帘风机降温系统是目前成熟的蒸发降温系统。

湿帘的厚度以 100~200 毫米为宜，干燥地区应选择较厚的湿帘，潮湿地区所用的湿帘不宜过厚。

②喷雾降温系统。用高压水泵通过喷头将水喷成直径小于 100 微米的雾滴，雾滴在空气中迅速汽化而吸收舍内热量使舍温降低。常用的喷雾降温系统主要由水箱、水泵、过滤器、喷头、管路和控制装置组成。该系统设备简单，效果显著，但易导致舍内湿度提高。若将喷雾装置设置在负压通风鸡舍的进风口处，雾滴的喷出方向与进气气流相对，雾滴在下落时受气流的带动而降落缓慢，延长了雾滴的汽化时间，提高了降温效果。但鸡舍雾化不全时，易淋湿鸡的羽毛而影响生产性能。

3. 自动化环境控制设备

规模化蛋鸡立体层叠式养殖应采用全密闭式鸡舍，通过鸡舍风机、湿帘、通风小窗和导流板等环控设备实现自动调控。

（1）高温气候环控模式　夏季应采用湿帘进风、山墙风机排风的通风降温模式，外界高温空气通过湿帘降温经导流板导流后进入鸡舍，保证舍内温度处于适宜范围。湿帘质量应符合标准《纸质湿帘性能测试方法》（NY/T 1967—2010）。建议采用湿帘分级控制，防止开启湿帘后端温度骤降。

（2）寒冷气候环控模式　鸡舍采用依靠侧墙小窗进风、山墙风机排风的通风模式，根据鸡舍内部二氧化碳浓度、温度等环境参数进行最小通风，以保障舍内空气环境质量（控制二氧化碳浓度、粉尘、氨气浓度）的同时减少舍内热量损失，最终满足寒冷气候不加温条件下鸡舍温度控制。应根据鸡舍笼具高度、顶棚高度等调整湿帘和侧墙小窗进风口导流板开启角度，保证入舍新风进入鸡舍顶部空间形成射流，使舍内外空气达到较好的混合效果，避免入舍新风直接吹向笼具内造成鸡群冷热应激。

（3）自动化控制装备　应实现以智能环控器为核心的环境全自动化调控，依据鸡舍空间大小和笼具分布布置温湿度、风速、氨气、二氧化碳等环境传感器，依据智能环控器分析舍内环境参数，自动调控侧墙小窗、导流板、风机和湿帘等环控设备的开启和关闭，实现鸡舍内环境智能调控。对鸡舍不同位置的鸡群环境进行均匀性和稳定性调控，保证笼内风速能够达到 0.5～1.5 米/秒，整舍最大局部温差小于 3℃，温度日波动小于 3℃。

（五）集蛋设备

1. 产蛋箱

产蛋箱是平养产蛋母鸡必备的设备，通常蛋鸡 10 个窝位外形尺寸为 1.53 米×0.31 米×0.85 米，每窝供 4 只母鸡产蛋。

2. 机械化集蛋设备

机械化自动集蛋装置有阶梯式和平置式两种。与 9LTF-316G 型三层全阶梯鸡笼组相配套的 9DJ-450D 型阶梯式集蛋装置，是由纵向输蛋线、降蛋器、横向输蛋线和升蛋器等部分组成的。输蛋量为每小时 4 000～5 000 枚，其生产效率比人工捡蛋提高 3～4 倍。

平置式（或简易单层笼养）集蛋装置主要由集蛋输送带和集蛋车组成。鸡蛋产出后，随底网的坡度滚入笼前的集蛋槽，槽上装有输送带，由集蛋车分别带动。集蛋车安放在集蛋间的地面双轨上，工作时，推动需要集蛋的输送带处，将车上的动力输出轴插入输送带的驱动轮，开动电动机，使输送带转动，送出的蛋均滚入集蛋车的盘内，再由手工装箱，或转送至整理车间。

3. 防湿运蛋箱及蛋托

防湿运蛋箱，用高密度聚乙烯复合材料制作，每箱装蛋 15 千克，外形尺寸 650 毫米×340 毫米×230 毫米；塑料蛋托，外形尺寸 303 毫米×297 毫米×43 毫米，每托盛蛋 30 枚。

4. 蛋品处理及其机械化

蛋品整理车间的机械装置和用具，包括有总集蛋输送带、洗蛋机、照蛋灯、分级机、涂油喷雾器和装箱用的真空吸盘等，按处理程序构成一条流水作业线。目前，鸡蛋处理机型号很多，可按鸡场的规模予以选用。一般小型的每小时可处理蛋 3 000 枚，大型的每小时可处理蛋 1.5 万~2 万枚。

5. 自动化集蛋系统

自动化集蛋系统，包括集蛋带、集蛋机、中央输蛋线、蛋库和鸡蛋分级包装机。集蛋过程应将各层鸡蛋自动传送到鸡笼头架，进而通过中央集蛋线将鸡蛋从鸡舍集中传送到蛋库进行后续包装。包装过程应采用鸡蛋分级包装机进行自动鸡蛋分级、装盘，鸡蛋分级包装机效率需根据场区实际生产情况进行配置，通常处理速度为 3 万~18 万枚/小时。蛋带应采用 PP5 以上级别的高韧性全新聚丙烯材料。

（六）清粪设备

鸡舍内的清粪方式分人工清粪和机械清粪。一般简易的单层笼养，大多采用清粪小车。小车前端装有清粪推板，将鸡粪堆集成堆，再由螺旋输送器送到小车牵引的拖斗运走。多层笼养和大面积网养则需用机械化清粪装置。清粪装置的形式有多种，随鸡笼鸡组的排列和布局灵活选用。目前，机械清粪广泛使用的是牵引式刮粪机和传送带清粪装置。

1. 牵引式刮粪机

这种装置由刮粪板、钢索、张紧轮、卷筒和减速电动机等部件组成。它可以在 1 条牵引索上安装几个刮粪板，因而适用于一个平面上的几条粪沟同时清粪。其特点是构造简单，维修方便。近年来多采用杠杆式刮粪板单向刮粪。

2. 传送带清粪装置

在叠层式笼养时，采用传送带清粪是一种较好的方法，它可以省去承粪板或粪槽的设置，使鸡直接排粪于传送带上，定时开动减速电动机将粪送至一端，由固定刮板或转刷铲落至集粪沟里。

传送带清粪装置包括纵向、横向、斜向清粪传送带、动力和控制系统。每层笼底均配备传送带分层清理，由纵向传送带输送到鸡舍尾端，各层笼底传送带粪便经尾端刮板刮落后落入底部横向传送带，再经横向和斜向传送带输送至舍外，保证鸡粪不落地，适当提高清粪频率，粪便可日产日清。清粪传送带宜采用全新聚丙烯材料，具备防静电、抗老化、防跑偏功能。为避免鸡只接触清粪传送带粪便，应在每层笼上方设置顶网。

三、饲料加工设备

根据饲料加工的工艺流程，蛋鸡饲料生产所需的机械设备主要有粉碎机、配料计量秤、混合机、制粒设备以及输送设备等。

（一）粉碎机

有锤片式及辊式。一般多使用锤片式，它结构简单，坚固耐用，适于加工各种精粗饲料。

（二）配料计量秤

按其工作原理可分为容积式和重量式两种。容积式的优点是结构简单，造价低，操作维修方便，但配合比例的精确度低。现在我国制造较好的容积式配料器配料误差为 1%（按重量计算值），一般的可达 3%。而重量式的配合比例精确度可达 0.1%~0.2%，自动化程度高，但结构复杂，造价高，维修保养难度大。

（三）混合机

养鸡场常用的饲料混合机有立式和卧式两种。

1. 立式混合机

又称垂直绞龙式混合机，优点是混合均匀，动力消耗少，但混合时间长，生产率低，卸料不充分。

2. 卧式混合机

主要工作部件是钢带制成的搅动叶片，叶片分内外两层，它们的螺旋方向相反。在工作中饲料受叶片的推动，使里外层饲料作对向运动，以达到混合的目的。优点是混合效率高，质量好，卸料迅速；缺点是动力消耗较大。

（四）制粒设备

混合后的粉状饲料经制粒，可使饲料的营养及食用品质等各方面都得到不同程度的改善和提高。由于饲料原料的品种、组分不同，成品规模不同，对制粒设备的性能、结构参数等亦有不同的要求。制粒工序中一般都配有制粒、冷却、碎粒及分级等设备，有的还配有油脂喷涂系统。

（五）输送设备

主要有斗式提升机、刮板输送机及螺旋输送机等。如用于垂直或倾斜度很大的饲料运送，可采用斗式提升机；如在水平方向或小于45°的倾斜输送，可采用刮板输送机或螺旋输送机；如加工车间形成流水线时，可利用风机组成气力输送装置进行饲料的运送。

现在的配合饲料机组已具有相当高的自动化程度，饲料加工机组已将粉碎、电脑配料秤、混合、油脂喷涂、制粒、冷却、破碎、分筛、称料、打包融为一体，由电脑程序自动控制，执行流水线生产作业。

（六）数字化管控

当前，蛋鸡层叠式立体养殖已经具备智能化、信息化特点，实现了鸡场数字化管控，极大地提高了养殖管理效率。

1. 机器人智能巡检

蛋鸡舍智能巡检机器人能实现鸡舍环境、鸡只状态无人化巡检，监测鸡舍不同位置各层笼具内的温度、相对湿度、光照强度和有害气体浓度等环境数据，智能识别各层鸡只状态、定位死鸡分布点，并上传数据至蛋鸡养殖数字化平台，减少捡死鸡等高强度、低效率工作的人工投入。巡检定位精度可≤25毫米，巡检速度达 1 米/秒。

2. 物联网管控平台

鸡场通过建设物联网管控平台，实现鸡舍不同来源数据的互联互通，实时预警多单位多鸡场管理、养殖异常现象、推送环控方案及汇总分析生产数据，远端实时显示鸡舍环境状况、鸡舍运行状态、鸡只健康水平等数据，辅助管理人员智能化决策。

第二章 蛋鸡品种选择与孵化技术

第一节 蛋鸡常见品种

目前生产中主要的良种蛋鸡，按其产蛋蛋壳颜色，可分为褐壳蛋鸡系、白壳蛋鸡系、粉壳蛋鸡系和绿壳蛋鸡系。

一、褐壳蛋鸡品种

（一）伊莎褐蛋鸡

伊莎褐壳蛋鸡是由法国伊莎公司经过 30 多年从纯种品系中培育的四系配套杂交鸡，A、B 系红羽，C、D 系白羽，其商品代雏鸡可用羽色自别雌雄，商品代成年母鸡棕红色羽毛，带有白色基羽，皮肤黄色。伊莎褐壳蛋鸡以高产、适应性强、整齐度高而闻名。

伊莎褐壳蛋鸡商品代生产性能：0~20 周龄成活率为 98%，鸡群 22 周龄开产，76 周龄产蛋量 298 枚，产蛋期存活率 93%，料蛋比（2.4~2.5）∶1，产蛋末期体重 2.25 千克。

（二）海兰褐蛋鸡

海兰褐壳蛋鸡是由美国海兰国际公司培育而成的高产蛋鸡。该鸡生命力强，适应性广，产蛋多，饲料转化率高，生产性能优异，商品代可依羽色自别雌雄。

海兰褐壳蛋鸡商品代生产性能：0~18 周龄成活率为 96%~98%，饲料消耗（限饲）5.9~6.8 千克，18 周龄体重 1 550 克，开产日龄 153 天，高峰期产蛋率 92%~96%。至 72 周龄，每只入舍母鸡平均产蛋 298 枚，平均蛋重 63.1 克，总蛋重 19.3 千克，产蛋期成活率 95%~98%，料蛋比（2.2~2.4）∶1，72 周龄体重 2.25 千克。成年母鸡羽毛棕红色，性情温顺，易于饲养。

（三）罗曼褐蛋鸡

罗曼褐壳蛋鸡是由德国罗曼动物育种公司培育而成的四系配套褐壳蛋鸡。该鸡适应性好，抗病力强，产蛋量多，饲料转化率高，蛋重适度，蛋的品质好。

罗曼褐壳蛋鸡商品代生产性能：0~18周龄成活率为97%~98%，20周龄体重1 500~1 600克，鸡群开产日龄152~158天，入舍母鸡72周龄产蛋285~295枚，平均蛋重63.5~64.5克，总蛋重18.2~18.8千克，产蛋期存活率94%~96%，料蛋比（2.3~2.4）∶1，72周龄体重2.2~2.4千克。商品代雏鸡可用羽毛自别雌雄。

（四）海赛克斯褐壳蛋鸡

海赛克斯褐壳蛋鸡是由荷兰优利希里德公司培育而成的高产褐壳蛋鸡。该鸡以适应性强、成活率高、开产早、产蛋多、饲料报酬高而著称。

海赛克斯褐壳蛋鸡商品代生产性能：商品代公雏为银白羽，母雏为金黄羽。0~18周龄成活率为97%，18周龄和20周龄体重分别为1 490克和1710克，20~78周龄每4周死淘率0.4%，鸡群开产日龄152天，产蛋率80%以上可持续26~30周，入舍母鸡至78周龄产蛋307枚，平均蛋重63.1克，总蛋重19.33千克，产蛋期每只母鸡日耗料116克，料蛋比2.36∶1，产蛋末期体重2 150克。

（五）迪卡褐壳蛋鸡

迪卡褐壳蛋鸡是由美国迪卡布家禽研究公司培育的四系配套高产蛋鸡。该鸡适应性强，发育匀称，开产早，产蛋期长，蛋个大，饲料转化率高，其商品代雏鸡可用羽毛自别雌雄。

迪卡褐壳蛋鸡商品代生产性能：0~18周龄成活率为97%，18周龄体重1 540克，0~20周龄每只鸡耗料7.7千克，达50%产蛋率的日龄为150~160天，入舍母鸡72周龄产蛋285~292枚，平均蛋重64.1克，产蛋期存活率95%，料蛋比（2.3~2.4）∶1，72周龄体重2 175克。

二、白壳蛋鸡

（一）迪卡白壳蛋鸡

迪卡白壳蛋鸡是美国迪卡布家禽研究公司培育的四系配套轻型高产蛋鸡。它具有开产早、产蛋多、饲养报酬高、抗病力强等特点，凭高产、低耗等优势赢得社会好评。

迪卡白壳蛋鸡商品代生产性能：育雏、育成期成活率为 94%~96%，产蛋期成活率 90%~94%，鸡群开产日龄（产蛋率达 50%）为 146 天，体重 1 320 克，产蛋高峰为 28~29 周龄，产蛋高峰时产蛋率可达 95%，每羽入舍母鸡 19~72 周龄产蛋 295~305 枚，平均蛋重 61.7 克，蛋壳白色而坚硬，总蛋重 18.5 千克左右，产蛋期料蛋比为（2.25~2.35）:1，36 周龄体重 1 700 克。

（二）海兰白壳蛋鸡

海兰白壳蛋鸡是由美国海兰国际公司培育的。该鸡体型小，羽毛白色，性情温顺，耗料少，抵抗力强，适应性好，产蛋多，饲料转化率高，脱肛、啄羽发生率低。

海兰白壳蛋鸡商品代生产性能：0~18 周龄成活率为 94%~97%，饲料消耗 5.7 千克，18 周龄体重 1 280 克，鸡群开产日龄（产蛋率达 50%）为 159 天，高峰期产蛋率为 92%~95%，19~72 周龄产蛋 278~294 枚，成活率 93%~96%，32 周龄平均体重 1 600 克，蛋重 56.7 克，产蛋期料蛋比（2.1~2.3）:1。商品代雏鸡以快慢羽辨别雌雄。

（三）巴布可克白壳蛋鸡

巴布可克白壳蛋鸡是由法国伊莎公司设在美国的育种场育成的四系配套高产蛋鸡。该鸡外形特征与白来航鸡很相似，体型轻小，性成熟早，产蛋多，蛋个大，饲料报酬高，死亡率低。

巴布可克白壳蛋鸡商品代生产性能：0~20 周龄成活率为 98%，20 周龄体重 1 360 克，开产日龄 150 天左右，72 周龄产蛋 285 枚，总蛋重 17.2 千克，21~72 周龄成活率 94%，产蛋期料蛋比（2.3~2.5）:1。

（四）海赛克斯白壳蛋鸡

海赛克斯白壳蛋鸡又译为希赛克斯白壳蛋鸡，是由荷兰优布里德公司培育的。该鸡体型小，羽毛白色而紧贴，外形紧凑，生产性能好，属来航鸡型。

海赛克斯白壳蛋鸡商品代生产性能：0~18 周龄成活率为 96%，18 周龄体重 1 160 克，鸡群开产日龄为 157 天。20~82 周龄平均产蛋率 77%，每羽入舍母鸡 82 周龄产蛋 314 枚，平均蛋重 60.7 克，总蛋重 20.24 千克，料蛋比 2.34:1，78 周龄体重 1 720 克。

（五）罗曼白壳蛋鸡

罗曼白壳蛋鸡是由德国罗曼动物育种公司培育的。该鸡在历年欧洲蛋鸡随机抽样测定中，产蛋量和蛋壳强度均名列前茅。

罗曼白壳蛋鸡商品代生产性能：0~20周龄成活率96%~98%，耗料量7.0~7.4千克/只，20周龄体重1 300~1 350克，鸡群开产日龄为150~155天，高峰期产蛋率92%~95%，72周龄产蛋290~300枚，平均蛋重62~63克，产蛋期存活率94%~96%，产蛋期料蛋比为（2.1~2.3）∶1。

（六）"伊利莎"白壳蛋鸡

"伊利莎"白壳蛋鸡是由上海新杨种畜场育种公司采用传统育种技术和现代分子遗传学手段培育的蛋鸡新品种。具有适应性强、成活率高、抗病力强、产蛋率高和自别雌雄等特点。

"伊利莎"白壳蛋鸡商品代生产性能：0~20周龄成活率为95%~98%，耗料7.1~7.5千克/只，20周龄体重1 350~1 430克，达50%产蛋率日龄为150~158天，高峰期产蛋率92%~95%，每羽入舍母鸡80周龄产蛋322~334枚，平均蛋重61.5克，总蛋重19.8~20.5千克，料蛋比（2.15~2.3）∶1，80周龄体重1 710克。

（七）北京白壳蛋鸡

北京白壳蛋鸡是由北京市种禽公司培育的三系配套轻型蛋鸡良种。具有单冠白来航鸡的外貌特征，体型小、早熟、耗料少，适应性强。目前优秀的配套系是北京白壳蛋鸡938，商品代可根据羽速自别雌雄。

北京白壳蛋鸡938商品代生产性能：0~20周龄成活率94%~98%，20周龄体重1.29~1.34千克，72周龄产蛋量282~293枚，蛋重59.42克，21~72周存活率94%，料蛋比（2.23~2.31）∶1。

三、粉壳蛋鸡

（一）星杂444粉壳蛋鸡

星杂444粉壳蛋鸡是加拿大雪佛公司育成的三系配套杂交鸡。据雪佛公司的资料，其72周龄产蛋量265~280枚，平均蛋重61~63克，每千克蛋耗料2.45~2.7千克。据1988—1989年德国随机抽样测定结果，其生产性能为：500日龄入舍，鸡产蛋量276~279枚，平均蛋重63.2~64.6克，总蛋重17.66~17.8千克，每千克蛋耗料2.52~2.53千克，产蛋期存活率91.3%~92.7%。

（二）尼克珊瑚粉壳蛋鸡

由美国尼克国际公司育成的配套杂交鸡。其特点是开产早、产蛋多、体重小、耗料少、适应性强。

尼克珊瑚粉壳蛋鸡父母代生产性能：0~20周龄成活率为95%~98%，产蛋期成活率为95%~96%，20~22周龄产蛋率达50%，产蛋高峰日产蛋率达89%~91%，入舍母鸡68周龄产蛋255~265枚。

尼克珊瑚粉壳蛋鸡商品代生产性能：0~18周生长期成活率为97%~99%，达50%产蛋率日龄为140~150天，18周龄体重1 400~1 500克，0~18周龄耗料5.5~6.2千克，80周龄产蛋量325~345枚，平均蛋重60~62克，料蛋比为（2.1~2.3）：1，产蛋期成活率89%~94%。

（三）海兰灰蛋鸡

海兰灰蛋鸡是美国海兰国际公司培育的粉壳蛋鸡配套系。

商品代海兰灰蛋鸡18周龄平均体重1 450克，1~18周龄耗料6.1千克/只，成活率98%；平均开产日龄151天，高峰产蛋率94%；74周龄入舍母鸡平均产蛋305枚，总蛋重19.2千克，平均蛋重62克，70周龄平均体重1 980克；21~74周龄成活率93%；羽毛从灰白色至红色，间杂黑斑，皮肤黄色。

（四）罗曼粉壳蛋鸡

罗曼粉壳蛋鸡是由德国动物育种公司培育而成的杂交配套高产浅粉壳蛋鸡。该鸡商品代羽毛白色，抗病力强，产蛋率高，维持时间长，蛋色一致。

罗曼粉壳蛋鸡父母代生产性能：0~20周龄成活率为96%~98%，产蛋期成活率为94%~96%，20~22周龄产蛋率达50%，产蛋高峰日产蛋率达89%~92%，入舍母鸡68周龄产蛋250~260枚，72周龄产蛋266~276枚。

罗曼粉壳蛋鸡父商品代生产性能：0~20周龄成活率为97%~98%，20周龄体重1 400~1 500克，产蛋期体重1 800~2 000克，达50%产蛋率日龄为140~150天，产蛋高峰日产蛋率达92%~95%，入舍母鸡至72周龄产蛋300~310枚，平均蛋重61~63克，0~20周龄耗料7.3~7.8千克，产蛋期日耗料110~118克，料蛋比为（2.1~2.2）：1。

（五）京粉1号蛋鸡

京粉1号蛋鸡是北京峪口禽业培育的一种高产蛋鸡品种，京粉1号蛋鸡是用红羽蛋鸡和白羽蛋鸡杂交的品种，所以，京粉1号蛋鸡兼具了红羽蛋鸡产蛋率高，性情温顺，不啄肛，抵抗力强。白羽蛋鸡采食量小，饲料转化率高，粉壳鸡蛋价格高的优点。这就是为什么京粉1号蛋鸡有红羽的还有白羽的。京粉1号蛋鸡一经推出就迅速占领了粉壳蛋鸡市场。美国海兰公司看到京粉1号蛋鸡的成功后，也推出海兰灰蛋鸡这个品种。

商品代京粉1号蛋鸡18周龄平均体重1 450克，1~18周龄耗料6.1

千克/只，成活率 98%；平均开产日龄 151 天，高峰产蛋率 94%；74 周龄入舍母鸡平均产蛋 305 枚，总蛋重 19.2 千克，平均蛋重 62 克，70 周龄平均体重 1 980 克；21~74 周龄成活率 93%；羽毛从灰白色至红色，间杂黑斑，皮肤黄色。

（六）农大 3 号蛋鸡

农大 3 号蛋鸡，全称是 "农大褐 3 号" 矮小型蛋鸡。它是中国农业大学动物科技学院用纯合矮小型公鸡（俗称柴鸡）与慢羽普通型母鸡杂交推出的配套系，商品代生产性能高，可根据羽速自别雌雄，快羽类型的雏鸡都是母鸡，而所有慢羽雏鸡都是公鸡。72 周龄年产蛋数可达 260 枚，平均蛋重约 58 克，产蛋期日耗料量 85~90 克/只，料蛋比 2.1∶1。饲养 1 只矮小型蛋鸡商品代可节省饲料 8~10 千克。因产蛋率高，肉质细腻，良好的抗病能力。是近年来饲养较多的品种之一。

全身呈白色或灰白色。鸡身较普通柴鸡大。母鸡鸡冠偏大。鸡蛋为粉色壳或粉白色。蛋黄较红黄，与柴鸡蛋相似，肉质与柴鸡相似。

（七）雅康粉壳蛋鸡

雅康粉壳蛋鸡是由以色列 P. B. U 家禽育种公司培育而成的高产浅粉壳蛋鸡。其父系为来航型白鸡，母系为洛岛红型鸡，商品代雏鸡可用羽色自别雌雄。

雅康粉壳蛋鸡商品代生产性能：0~20 周龄成活率为 96%~97%，18 周龄体重 1 350 克，20 周龄体重 1 500 克，产蛋率达 50% 日龄 160 天，入舍母鸡至 72 周龄产蛋 270~285 枚，平均蛋重 61~63 克，平均每只鸡日耗料 99~105 克。

（八）京白 939 蛋鸡

京白 939 蛋鸡是北京市种禽公司培育而成的浅粉壳蛋鸡高效配套系。该鸡体型介于白来航鸡和褐壳蛋鸡之间，商品代鸡羽毛红白相间。其特点是产蛋量高、存活率高、淘汰鸡残值高。

京白 939 蛋鸡商品代生产性能：0~20 周龄成活率为 95%~98%，20 周龄体重 1 450~1 455 克，21~72 周龄存活率 92%~94%，72 周龄日产蛋数 290~300 枚，总蛋重 18~18.9 千克，平均蛋重 61~63 克，料蛋比（2.30~2.35）∶1。

京白 939 蛋鸡现有两个配套系，其中一套商品代雏鸡为羽色自别雌雄。

四、绿壳蛋鸡

（一）华绿黑羽绿壳蛋鸡

华绿黑羽绿壳蛋鸡由江西省东乡绿壳蛋鸡原种场育成。该鸡体型较小，行动敏捷，适应性强，全身乌黑，具有黑羽、黑皮、黑肉、黑骨、黑内脏"五黑"特征。成年鸡体重 1 450~1 500 克，140~160 日龄开产，500 日龄产蛋 140~160 枚，蛋重 46~50 克，蛋壳绿色，高峰产蛋率 75%~78%，种蛋受精率 88%~92%。

（二）三凰青壳蛋鸡

三凰青壳蛋鸡由江苏省家禽科学研究所育成。该鸡羽毛红褐色，成年鸡体重 1.75~2 千克，纯系 72 周龄产蛋 190~205 枚；商品代 72 周龄产蛋 240~250 枚，蛋重 50~55 克，蛋壳青绿色，料蛋比为 2.3∶1。

（三）新杨绿壳蛋鸡

新杨绿壳蛋鸡父系来自于我国经过高度选育的地方品种，母系来自于国外引进的高产白壳或粉完蛋鸡，经配合力测定后杂交培育而成，以重点突出产蛋性能为主要育种目标。

新杨绿壳蛋鸡开产日龄 140 天（产蛋率 5%），产蛋率达 50% 的日龄为 162 天；开产体重 1~1.1 千克，500 日龄入舍母鸡产蛋量达 230 枚，平均蛋重 50 克，蛋壳颜色基本一致，大群饲养鸡群绿壳蛋比率 70%~75%。

（四）招宝绿壳蛋鸡

该鸡种和江西省东乡绿壳蛋鸡的血缘来源相似。母鸡羽毛黑色，黑皮、黑肉、黑骨、黑冠。招宝绿壳蛋鸡开产日龄较晚，为 165~170 天，开产体重 1.05 千克，500 日龄产蛋量 135~150 枚，平均蛋重 42~43 克，商品代鸡群绿壳蛋比率 80%~85%。

（五）昌系绿壳蛋鸡

昌系绿壳蛋鸡原产于江西省南昌县。该鸡种体型矮小，羽毛紧凑，未经选育的鸡群毛色杂乱，大致可分为 4 种类型：白羽型、黑羽型（全身羽毛除颈部有红色羽毛外，其他部位均为黑色）、麻羽型（麻色有大麻和小麻）、黄羽型（同时具有黄肤、黄脚）。

昌系绿壳蛋鸡开产日龄较晚，大群饲养平均为 182 天，开产体重 1.25 千克，开产平均蛋重 38.8 克，500 日龄产蛋量 89.4 枚，平均蛋重 51.3 克，就巢率 10%左右。

此外，我国地方蛋鸡品种还有仙居鸡、肖山鸡、边鸡、狼山鸡、庄河鸡等。国外引进品种还有来航鸡、星杂 288 蛋鸡、星杂 579 蛋鸡、洛岛红鸡、新汉县鸡、澳洲黑鸡等。

第二节　蛋鸡的孵化技术

一、种蛋的选择

首先，种蛋必须来自健康的种鸡群。其次是外观，即肉眼直接鉴别。鉴别项目如下。

（一）大小

种蛋大小要适中，每个品种都有一定的蛋重要求范围，超过标准范围±15%的蛋不应留作种用。

（二）形状

鸡蛋应呈卵圆形；蛋型指数（蛋的纵径和横径之间的比率）应为 1.3~1.35。

（三）洁净度

种蛋必须保持蛋面清洁。新鲜的种蛋表面光滑，无斑点、污点，有光泽。若用水洗蛋，壳面的胶质脱落，微生物容易侵入内部，蛋内水分也容易蒸发，故一般种蛋尽量少用水洗。

（四）壳纹

种蛋的壳纹应当光滑，无皱折或凹凸不平等畸形。

（五）蛋壳颜色

纯种鸡的鸡蛋壳颜色一致，无斑点。

（六）蛋壳厚度

种蛋的蛋壳厚度应在 0.33~0.35 毫米。厚度小于 0.27 毫米时即为薄壳蛋，这种蛋水分蒸发较快，易被微生物侵入，又易破损。反之，蛋壳太厚（0.45 毫米以上），水分不易蒸发，气体交换困难，鸡胚不易啄破蛋壳而被闷死。

　　为了进一步判断种蛋的质量，可以利用光照透视检验。新鲜种蛋气室很小，蛋黄清晰，浮于蛋内，并随蛋的转动而慢慢转动，蛋白浓度匀称，稀、浓两种蛋白也能明显辨别，蛋内无异物，蛋黄上的胚盘尚看不见，蛋黄表面无血丝、血块。若发现气室很大，蛋黄颜色变暗，蛋黄上甚至有血管，那是陈旧蛋。若发现蛋内容物全部变黑，这是因为保存时间过长，细菌侵入蛋内，使蛋白分解腐败已成臭蛋。如果发现蛋黄和蛋白混淆在一起，分辨不清，即为散黄蛋。

二、种蛋的保存、运输与消毒

（一）保存

　　鸡蛋蛋白的凝结点为-0.5℃，而当温度高于25℃时蛋内胚胎就开始萌发。保存种蛋较合适的温度是10~15℃。种蛋保存的时间也很重要，越短越好，不超过3天，孵化效果最好。保存时间越长，孵化效果越差，即使在最合适的条件下保存时间超过10天，孵化效果也受影响。种蛋在-1~3℃时只能保存几小时，当蛋内温度低于-1℃时，胚胎就致死。保存在21~25℃的环境下7天后孵化率就下降。32℃时只能保存4天，5天后孵化率就下降。保存一个月的种蛋，其孵化率降低25%~45%（视保存时的条件、季节的不同而有所不同）。

　　保存种蛋的湿度，一般保持相对湿度60%~70%的范围内为好。在潮湿的地区保存种蛋时，通风要好；反之，在干燥的地区保存种蛋时，就应有较高的相对湿度。

　　种蛋保存在9℃的室温内，每昼夜失重0.001克，保存在22℃的室温内，每昼夜失重0.04克，二者之间相差0.039克。如果种蛋保存的温度相同而湿度不同，结果每昼夜的失重也不同，在相对湿度50%时，每昼夜失重0.0258克，在相对湿度70%时每昼夜失重0.0183克，二者之间相差0.0075克，可见温度对蛋的失重影响较大。

　　通风换气对于保存种蛋也是不可忽视的条件，特别是潮湿地区和梅雨季节，要注意做好通风换气工作，严防霉菌在蛋壳上繁殖。通风的方法，一般采取自然通风。在种蛋保存期间，必须每天翻蛋一次，既可防止胚胎与内壳膜粘连，又可促进通风换气，防止霉蛋。有条件的单位，可以建造一间隔温条件比较好的简易蛋库，蛋库内设置半自动化翻蛋的蛋架，蛋盘与孵化机内的蛋盘配套，可以大大提高工效。

（二）运输

运输种蛋首先碰到的问题是装放用具，在大城市已采用特制的压模种蛋纸盒、塑料盒，每个纸盒（或塑料盒）装蛋 30 枚或 36 枚，是比较理想的装蛋用具。但目前比较普遍采用的是种蛋纸箱，箱内有用纸皮做成的方格，每个格放一枚蛋，蛋的上下左右都有纸皮隔开，可以避免蛋与蛋之间直接碰撞。如果没有这种专用纸箱，用木箱也可以，但要尽力避免蛋之间的直接接触，可将每枚蛋用尺寸 15 厘米×15 厘米的纸包裹起来，箱底和四周多垫些纸或其他柔软的垫物，也可用稻壳、锯末或碎麦草作为垫料。不论用什么工具装蛋，都应尽量使蛋的大头朝上，或平放，并排列整齐。

在运输过程中，不管用什么运输工具，都要注意尽力避免阳光暴晒，因为阳光暴晒会使种蛋受温而促使胚胎发育（属不正常发育），更由于受温的程度不一，胚胎发育的程度也不一样，会影响孵化效果。防止雨淋受潮，种蛋被雨淋过之后，壳上膜受破坏，细菌就会侵入，还可能使霉菌繁殖，严重影响孵化效果。装运时，要做到轻装轻放，严防装蛋用具变形，特别是纸箱、箩筐，一旦变形就会挤破种蛋。严防强烈震动，强烈震动可能招致气室移位，蛋黄膜破裂，系带断裂等严重情况，如果道路高低不平，颠簸厉害，应在装蛋用具底下多铺些垫料，尽量减轻震动。

（三）消毒

种蛋在产出后至开始孵化期间至少进行两次消毒，第一次在拣蛋后，第二次是种蛋入孵时。

1. 新洁尔灭消毒法

用 5% 的新洁尔灭溶液加入 50 倍的水，配制成 0.1% 的溶液喷洒在种蛋表面就行。

2. 氯消毒法

将种蛋泡在含有氯的漂白粉溶液中 3 分钟，沥干后放在通风处即可。

3. 碘消毒法

将种蛋置于 0.1% 的碘溶液中泡 30~60 秒后沥干。

4. 熏蒸消毒法

每立方米空间甲醛 28 毫升，高锰酸钾 14 克，先将高锰酸钾加入陶瓷容器中，再将甲醛倒入，密闭 30 分钟后通风换气即可。

5. 紫外线消毒法

将种蛋码入蛋盘，置于 40 瓦紫外线灯下 40 厘米处照射 1~2 分钟，然后从下向上再照射 1~2 分钟。

三、孵化与管理

(一) 孵化前的准备

1. 制订孵化计划

2. 准备孵化用品

照蛋灯、温度计、消毒药品、防疫注射器材、易损电器元件、发电机等。

3. 验表试机

用标准温度计校正孵化用温度计（同插在 38℃ 温水中）。试机要看各个控温、湿、通风、报警系统、照明系统和机械转动系统是否能正常运转。试机 1~2 天即可入孵。

4. 孵化器消毒

若孵化间隔不长，结束孵化时消过毒，可入孵后与种蛋一起消毒，否则，应先消毒再入孵。开机门 1 小时后入孵。

(二) 种蛋的入孵

1. 种蛋预热

存放于空调蛋库的种蛋，入孵前应置于 22~25℃ 的环境条件下预热 6~8 小时，以免入孵后蛋面凝聚水珠不能立即消毒，也可减少孵化器温度下降幅度。预热可提高孵化效果。

2. 种蛋装盘

钝端向上。

3. 蛋盘编号

种盘装盘后应将装入蛋盘的种蛋品种（系）、入孵日期、批次等项目填入记录卡内，并将记录卡插入每个蛋盘的金属小框内，以便于查找，避免差错。

4. 入孵前种蛋消毒

上文已有介绍。

5. 填写孵化进程表

种蛋全部装盘后，将该批种蛋的入孵日期，各次照检、移盘和出雏日期填入孵化进程表内，以便孵化人员了解各台孵化器、各批种蛋的情况，并按进程表安排工作。

（三）孵化的日常管理

随着孵化机具自动化程度的不断提高，孵化器操作和管理十分方便。孵化人员应昼夜值班，如无自动记录装置，应每隔 2 小时作一次检查，并作好温度、湿度变化情况的记录，注意检查各类仪表是否正常工作，机械运转是否正常，特别是控温、控湿、转蛋和报警装置系统是否调节失灵。此外，应根据孵化进程表，在规定日期进行照检、移盘和出雏等工作。

（四）种蛋的照检

孵化进程中通常对胚蛋进行 2~3 次灯光透视检查，以了解胚胎的发育情况，及时剔除无精蛋和死胚蛋。

1. 头照

正常胚胎：血管网鲜红，扩散面较宽，胚胎上浮隐约可见。弱胚：血管色淡而纤细，扩散面小。无精蛋：蛋内透明，转动时可见卵黄阴影移动。

2. 抽验

透视锐端，孵化正常时可不进行。

两次照检可作为调整孵化条件的依据，而生产上一般不进行抽验。正常胚：尿囊已在锐端合拢，并包围所有蛋内容物。透视可见锐端血管分布。弱胚：尿囊尚未合拢，透视时蛋的锐端淡白。死胎：见很小的胚胎与蛋黄分离，固定在蛋的一侧，蛋的小头发亮。

3. 二照

（1）正常胚 除气室外，胚胎已占满蛋的全部空间，胚颈部紧贴气室，气室边缘弯曲，并可见粗大血管，有时可见胚胎在蛋内闪动。

（2）弱胚 气室较小，边界平齐。中死胚：气室周围无血管分布，颜色较淡，边界模糊，锐端常常是淡色的。照蛋要稳、准、快，有条件的可提高室温，照完一盘，用外侧蛋填中间空隙，以防漏照，并把小头朝上的倒过来。抽放盘时，有意识地对角调换。照完后再全部检查一遍，是否孵化盘都固定牢了，最后统计无精蛋、死精蛋及破壳数，登记入表。

（五）落盘

一般鸡胚最迟在 19 天移至出雏器内。进入出雏器后停止转蛋，并注意增加湿度降低温度，以顺利出壳。鸡胚 16 天或 19 天落盘都好，最好避开 18~19 天时的死亡高峰。移盘要轻、稳、快，尽量降低碰撞。

（六）出雏

在临近孵化期满的前一天，雏禽开始陆续啄壳，孵化期满时大批出壳。出雏器要保持黑暗，使雏鸡安静，以免踩破未出壳的胚蛋。出雏期间，不应随时打开机门拣雏，一般拣雏1次即可（不能让已出壳的雏鸡在出雏机内存留太久，引起脱水）。拣出绒羽干透的雏鸡及蛋壳，动作要快。

（七）停电措施

如果采用电力孵化机孵化，为防止停电，最好有两路供电系统，或配有备用发电机（停电时间12小时以上时启用）。孵化过程中，如出现停电或电孵机发生故障，首先应打开前门，关闭风机，还应视室温和胚蛋的不同时期而采取不同的管理措施。

气温在10℃以下，如果停电2小时以内，通常不会对孵化效果带来很大影响。停电2~4小时，如胚龄较小，应采取生火加温等措施提高室温，以减少孵化机内热量的散失；如胚龄较大，应将孵化机的进、出气孔打开1次；如果停电时间更长，则应在孵化室内取暖，使室温提高到32℃，并打开通风孔，每隔1小时翻蛋1次，并进行上下层蛋盘的调位；如有雏出壳，可稍将出雏器门打开，以免幼雏闷死，并及时拣出幼雏和空蛋壳。

气温在25~30℃，如果停电12小时以内，孵化机内的胚龄在10天以内时，可不必采取任何措施；胚龄在11天以上时，需每隔4小时将上下蛋盘调位1次，或每隔0.5小时摇动孵化机风机2~3分钟，使机内温度均匀。

气温超过30℃，如果胚龄在10天以内，停电时间较短时，可不必采取任何措施。停电时间在12小时内，如胚龄较大，应打开孵化机门，以扩散机内热量，或用20~25℃的水喷洒凉蛋，待机内温度降到35℃以下时再关上机门，且留有一条小缝，并且每小时查看1次顶上几层胚蛋的蛋温，每隔4小时将上下蛋盘调位1次。

如刚落盘且停电时间短，只需关闭风机开关，打开出雏器门，待来电后关门、开风机；如已出壳50%以上，应立即把出雏车拉出到通风良好处，将出雏车的蛋筛隔个抽出，待出雏。

第三章　蛋鸡的营养需要与日粮配制

第一节　鸡的营养需要

一、水分

水是鸡群生长发育不可或缺的因素之一。水在机体消化和代谢过程中起着重要作用，各种营养素的消化吸收、运输，废物的排出，以及体温的调节也全靠水来完成。所以水是极其重要的。一旦造成鸡只缺水，雏鸡会发生肾病、腿部皮肤干枯；产蛋鸡会出现卵巢坏死、产蛋量下降、蛋重减轻等。实践证明，产蛋鸡在24小时得不到饮水的情况下，产蛋率会下降30%，需要25～30天左右才能恢复正常产蛋。

鸡对水分的需求量因饮水位置配置的合理性、温度变化、年龄、品种、饲料的营养成分、采食量、产蛋率以及健康状况等的不同而异。

饮水位置配置的合理性会影响饮水量。在鸡只饲养过程中，要确保有足够的饮水位。育雏期饮水器摆放位置要合理，保证雏鸡在到场24小时之内1米范围之内饮到水。育成期要注意饲养的密度，避免因为密度过大而造成饮水位偏少而影响鸡只性能。在产蛋期要避免人为过失造成鸡缺水。在产蛋期要每天养成开关水线的习惯，同时检查水线的完整性。

其次，饮水的温度变化影响饮水量。正常鸡的饮水量会比采食量高1.5～2.5倍，水料比值冬季约为2∶1，夏季比例约为3∶1，饮水的温度变化直接导致了饮水量的变化。蛋鸡饮水最合理的水温为10～14℃，雏鸡育雏前3～5天要求水预温到26～28℃，有利于预防腹泻。水温低于5℃，饮水量非常低；水温高于30℃，饮水量也逐步下降。

为了及时准确监测鸡群每日的饮水状况，可在水线安装的时候安装水表，以便及时优化管理。同时，鸡的饮水要求清洁、无色、无臭、不浑浊。必要时，可加些明矾使其杂质沉淀或加漂白粉消毒。水温不能过高或过低。

二、蛋白质

蛋白质是形成鸡肉、鸡蛋、内脏、羽毛、血液等的主要成分，是维持鸡的生命，保证生长和产蛋极其重要的营养素。蛋白质的作用，不能用其他营养成分来代替。如果饲料中缺少蛋白质，雏鸡生长缓慢，蛋鸡的产蛋率降低，蛋变小，严重时体重降低，甚至引起死亡。

蛋白质由20多种氨基酸组成。氨基酸又可分成两大类，即在鸡体内可以合成的氨基酸为非必需氨基酸；而在鸡体内不能合成，必需由饲料中摄取的氨基酸为必需氨基酸。现在已经知道的鸡的必需氨基酸有13种：精氨酸、赖氨酸、组氨酸、蛋氨酸、胱氨酸、色氨酸、苯丙氨酸、酪氨酸、亮氨酸、异亮氨酸、苏氨酸、甘氨酸和缬氨酸。其中配合鸡饲料时通常考虑的是赖氨酸、蛋氨酸、胱氨酸。

除了必需氨基酸外，在氨基酸分类中还有限制性氨基酸一说。因为动物对各种氨基酸的需要量之间有一定的固定比例，当有些氨基酸缺乏时，其他氨基酸也只能按照比例利用一部分，另一部分会白白浪费，这些容易缺乏的氨基酸被称为限制性氨基酸，它们限制了其他氨基酸的利用。在鸡常用的玉米-豆粕型日粮中第一限制性氨基酸为蛋氨酸，第二限制性氨基酸为赖氨酸，因此在配制日粮时要特别注意这两种氨基酸。

三、脂肪

脂肪在体内分解后，产生热量，用以维持体温和供给体内各器官运动时所需要的能量。脂肪是体细胞的组成成分，也是脂溶性维生素A、维生素D、维生素E、维生素K的携带者。所以有着重要的生理功能。一般养鸡所用的饲料，不会引起脂肪缺乏。脂肪过多时，会使鸡变肥，产蛋率降低。

四、碳水化合物

碳水化合物是植物性饲料的主要成分。碳水化合物（主要是淀粉和糖类）在鸡体内被分解后，产生热量。它和脂肪一样，用以维持体温和供给体内各器官活动时所需的能量。饲料中碳水化合物不足，会影响鸡的发育和产蛋；过多，会使鸡变肥。由于饲料在鸡消化道内停留时间短，肠内微生物又少，所以鸡几乎不能利用纤维，但纤维可以促进肠胃蠕动，帮助消化，缺乏纤维时，会引起便秘，并降低其他营养素的消化率。纤维过多，也会降低其他营养素的营养价值。

五、无机物

也叫矿物质。它对维持各器官的正常生理功能起着重要作用。鸡必需的矿物质有钙、磷、钠、钾、镁、铁、锰、硫、碘、铜、钴、锌和硒等。

钙：体内70%以上的矿物质是钙。钙在体内大部分和磷结合，是骨骼的主要成分。钙也是蛋壳的主要成分。钙和磷有着密切的关系，二者必须按适当比例才能被吸收、利用。一般雏鸡的钙磷比例应为（1~1.5）：1，产蛋鸡应为（5~6）：1。

磷：分有机态和无机态两种。谷物及其副产品中的磷，约一半以上是有机态的，骨粉、磷酸钙等含的是无机态磷。鸡对有机态的磷利用率很低。除应按适当比例供给钙、磷外，还应供给充足的维生素D，才能使钙磷被充分吸收、利用。钙磷不足或钙磷比例不当时造成雏鸡骨骼病变，表现为佝偻病。蛋壳粗糙，易破损，严重时产软皮蛋，甚至停产。母鸡的翅骨易折断。

钠和氯：一般都以食盐的形式供给。饲料中不加食盐，则适口性降低，因而降低食欲及对各种营养素的吸收利用率。

锰：影响鸡的生长和繁殖，也是一种重要的矿物质。饲料中如缺锰，则性成熟推迟，产蛋率和孵化率下降，雏鸡还会引起骨短粗症或称滑腱症。

铁：是形成血红蛋白所必需的，它同时与血液中氧的运输有关，是各种氧化酶的组成部分，同时与细胞内的生物氧化过程有关。缺铁时，雏鸡患贫血症，下痢，生长停滞。

铜：对家禽肌体作用最广泛，缺铜时可引起贫血，也可导致佝偻病和骨质疏松，同时对鸡的羽毛色泽及中枢神经都有影响。

锌：参与一系列生理过程，是多种酶的成分。缺锌会使雏鸡生长受阻，羽毛发育异常，关节肿大，产蛋量减少，孵化率降低，对繁殖机能产生严重影响。

硒：雏鸡缺硒主要症状是脑软化症及皮下出现大块水肿，心肌损伤，心包积水。

六、维生素

维生素是一种特殊的有机物质。鸡对维生素的需要量虽然很少，但维生素对保持鸡的健康，促进其生长发育，提高产蛋率和饲料利用率的作用却是很大的。所以鸡饲料中，必须有足够量的维生素。

维生素的种类很多，约有 20 多种。大体上可分为两大类。一类是水溶性维生素，包括 B 族维生素及维生素 C 等；另一类是脂溶性维生素，包括维生素 A、维生素 D、维生素 E、维生素 K 等。鸡的饲料中需要 10 多种维生素。青饲料中含有较多的维生素，应不断地给鸡供给青饲料。但实行工厂化饲养时，由于青饲料花费劳力大，所以应在饲料内添加人工合成的多种维生素，以补充饲料内维生素的不足。

维生素 A：主要功能是促进生长发育，保护消化道、呼吸道和生殖道的黏膜，增强对疾病的抵抗力。如果缺少维生素 A，会引起神经障碍，使鸡患夜盲症，干眼病，生长迟缓，产蛋率和孵化率下降。

维生素 D：与钙、磷的吸收、利用有关。如果缺少维生素 D，就会引起软骨症，雏鸡瘫痪，产蛋率、孵化率降低，蛋壳变薄，破蛋率增加等。

维生素 E：是有效的抗氧化剂，对消化道和机体组织中维生素 A 有保护作用，能提高鸡的繁殖性能，调节细胞核的代谢机能。维生素 E 不足时则出现白肌病，雏鸡发生脑软化症，使种公鸡繁殖机能紊乱。产蛋率、受精率降低，孵化时胚胎死亡率提高。

维生素 K：主要是催化合成凝血酶原。缺乏时皮下出血形成紫斑，而且轻伤则导致出血，血液不易凝固，流血不止以致死亡。

维生素 B_1（硫胺素）：主要作用是开胃助消化，有利于糖类代谢。硫胺素不足时，出现多发性神经症状，头向后仰，羽毛蓬乱，肌肉衰弱变性，瘫痪倒地不起。

维生素 B_2（核黄素）：它是黄素蛋白的成分，主要构成细胞黄酶类辅基，参与碳水化合物和蛋白质的消化、代谢，提高饲料利用率。缺乏时则雏鸡生长缓慢，呈现趾弯曲，麻痹型的瘫痪，患鸡飞节着地行走，趾向内弯曲成拳状，后期伸腿卧地，消化障碍，严重下痢，蛋鸡则产蛋下降，孵化率低，胚胎死亡。

维生素 B_3（泛酸）：是辅酶 A 的组成部分，与碳水化合物、脂肪和蛋白质代谢有关。雏鸡缺乏泛酸则生长受阻，羽毛粗糙，骨变短粗，眼有分泌物流出，使眼睑边有粒状，把上下眼睑粘到一起，嘴角和肛门有硬痂，脚爪有炎症。

维生素 pp（烟酸）：对机体碳水化合物、脂肪、蛋白质代谢起主要作用，有助于制造色氨酸。鸡缺乏烟酸时发生"黑舌病"，食道上皮及舌发生炎症，雏鸡生长停滞，羽毛粗乱，趾底发炎。产蛋鸡降低产蛋率、种蛋孵化率。

维生素 B_6：与蛋白质代谢有关。缺乏时鸡表现异常兴奋，不能控制地奔跑，痉挛，直至死亡。成年鸡表现食欲废止，体重下降，产蛋率、孵化率下降以至死亡。

生物素：是中间代谢过程中催化、羧化作用的多种酶的辅酶，与各种有机物质的代谢都有关系。生物素缺乏时，家禽发生皮炎，生长速度降低，脚弱症，孵化率降低，胚胎畸形。

胆碱：与脂肪代谢有关，胆碱不足则引起脂肪代谢障碍，使笼养产蛋鸡引起脂肪肝，产蛋率显著下降。

维生素 B_{11}（叶酸）：可防治恶性贫血，对肌肉、羽毛生长有促进作用。叶酸缺乏时雏鸡生长发育不良，羽毛不正常，贫血、骨短粗症，种蛋孵化时死亡率高。

维生素 B_{12}：有助于提高造血机能，提高日粮中蛋白质的利用率，维生素 B_{12} 不足时，鸡表现为生长停滞，羽毛粗乱，后肢共济失调，发生肌胃黏膜炎症。出现薄壳蛋和软皮蛋，孵化率降低，胚胎后期死亡。

第二节　蛋鸡常用饲料原料

一、谷物及其加工产品（表3-1）

表3-1　谷物及其加工产品

原料编号	原料名称	特征描述	强制性标识要求
1	大麦及其加工产品		
1.1	大麦	包括皮大麦和裸大麦（青稞）籽实	
1.2	大麦次粉	以大麦为原料经制粉工艺产生的副产品之一，由糊粉层、胚乳及少量细麸组成	淀粉 粗蛋白质 粗纤维
1.3	大麦蛋白粉	大麦分离出麸皮和淀粉后以蛋白质为主要成分的副产品	粗蛋白质
1.4	大麦粉	大麦经制粉工艺加工形成的以大麦粉为主、含有少量细麦麸和胚的粉状产品	淀粉 粗蛋白质
1.5	大麦粉浆粉	大麦经湿法加工提取蛋白、淀粉后的液态副产物经浓缩、干燥形成的产品	粗蛋白质
1.6	大麦麸	以大麦为原料碾磨制粉过程中所分离的麦皮层	粗纤维

（续表）

原料编号	原料名称	特征描述	强制性标识要求
1.7	大麦壳	大麦经脱壳工艺除去的外壳	粗纤维
1.8	大麦糖渣	大麦生产淀粉糖的副产品	粗蛋白质 水分
1.9	大麦纤维	从大麦籽实中提取的纤维，或者生产大麦淀粉过程中提取的纤维类产物	粗纤维
1.10	大麦纤维渣（大麦皮）	大麦淀粉加工的副产品，主要成分为纤维素，含有少部分胚乳	粗纤维
1.11	大麦芽	大麦发芽后的产品	粗蛋白质 粗纤维
1.12	大麦芽粉	大麦芽经干燥、碾磨获得的产品	粗蛋白质 粗纤维
1.13	大麦芽根	发芽大麦或大麦芽清理过程中的副产品，主要由麦芽根、大麦细粉、外皮和碎麦芽组成	粗蛋白质 粗纤维
1.14	烘烤大麦	大麦经适度烘烤形成的产品	淀粉 粗蛋白质
1.15	喷浆大麦皮	大麦生产淀粉及胚芽的副产品喷上大麦浸泡液干燥后获得的产品	粗蛋白质 粗纤维
1.16	膨化大麦	大麦在一定温度和压力条件下经膨化处理获得的产品	淀粉 淀粉糊化度
1.17	全大麦粉	不去除任何皮层的完整大麦籽粒经碾磨获得的产品	淀粉 粗蛋白质
1.18	压片大麦	去壳大麦经汽蒸、碾压后的产品。其中可含有少部分大麦壳。可经瘤胃保护	淀粉 淀粉糊化度
1.19	大麦苗粉[e]	大麦的幼苗经干燥、粉碎后获得的产品	粗蛋白质 粗纤维水分
2	稻谷及其加工产品		
2.1	稻谷	禾本科草本植物栽培稻的籽实	
2.2	糙米	稻谷脱去颖壳后的产品，由皮层、胚乳和胚组成	淀粉 粗纤维
2.3	糙米粉	糙米经碾磨获得的产品	淀粉 粗蛋白质 粗纤维
2.4	___米[e]	稻谷经脱壳并碾去皮层所获得的产品。产品名称可标称大米，可根据类别标明籼米、粳米、糯米，可根据特殊品种标明黑米、红米等	淀粉 粗蛋白质

（续表）

原料编号	原料名称	特征描述	强制性标识要求
2.5	大米次粉	由大米加工米粉和淀粉（包含干法和湿法碾磨、过筛）的副产品之一	淀粉 粗蛋白质 粗纤维
2.6	大米蛋白粉	生产大米淀粉后以蛋白质为主的副产物。由大米经湿法碾磨、筛分、分离、浓缩和干燥获得	粗蛋白质
2.7	大米粉	大米经碾磨获得的产品	淀粉 粗蛋白质
2.8	大米酶解蛋白	大米蛋白粉经酶水解、干燥后获得的产品	酸溶蛋白 （三氯乙酸可溶蛋白） 粗蛋白质 粗灰分 钙含量
2.9	大米抛光次粉	去除米糠的大米在抛光过程中产生的粉状副产品	粗蛋白质 粗纤维
2.10	大米糖渣	大米生产淀粉糖的副产品	粗蛋白质 水分
2.11	稻壳粉（砻糠粉）	稻谷在砻谷过程中脱去的颖壳经粉碎获得的产品	粗纤维
2.12	稻米油（米糠油）	米糠经压榨或浸提制取的油	酸价 过氧化值
2.13	米糠	糙米在碾米过程中分离出的皮层，含有少量胚和胚乳	粗脂肪酸价 粗纤维
2.14	米糠饼	米糠经压榨取油后的副产品	粗蛋白质 粗脂肪 粗纤维
2.15	米糠粕（脱脂米糠）	米糠或米糠饼经浸提取油后的副产品	粗蛋白质 粗纤维
2.16	膨化大米（粉）	大米或碎米在一定温度和压力条件下，经膨化处理获得的产品	淀粉 淀粉糊化度
2.17	碎米	稻谷加工过程中产生的破碎米粒（含米糍）	淀粉 粗蛋白质
2.18	统糠	稻谷加工过程中自然产生的含有稻壳的米糠，除不可避免的混杂外，不得人为加入稻壳粉	粗脂肪 粗纤维 酸价
2.19	稳定化米糠	通过挤压、膨化、微波等稳定化方式灭酶处理过的米糠	粗脂肪 粗纤维 酸价

（续表）

原料编号	原料名称	特征描述	强制性标识要求
2.20	压片大米	预糊化大米经压片获得的产品	淀粉 淀粉糊化度
2.21	预糊化大米	大米或碎米经湿热、压力等预糊化工艺处理后形成的产品	淀粉 淀粉糊化度
2.22	蒸谷米次粉	经蒸谷处理的去壳糙米粗加工的副产品。主要由种皮、糊粉层、胚乳和胚芽组成，并经碳酸钙处理	粗蛋白质 粗纤维 碳酸钙
2.23	大米胚芽ᵉ	大米加工过程中提取的主要含胚芽的产品	粗蛋白质 粗脂肪
2.24	大米胚芽粕ᵉ	大米胚芽经压榨取油后的副产品	粗蛋白质 粗脂肪 粗纤维
3	高粱及其加工产品		
3.1	高粱	高粱籽实	
3.2	高粱次粉	以高粱为原料经制粉工艺产生的副产品之一，由糊粉层、胚乳及少量细麸组成	淀粉 粗纤维
3.3	高粱粉浆粉	高粱湿法提取蛋白、淀粉后的液态副产物经浓缩、干燥形成的产品	粗蛋白质 水分
3.4	高粱糠	加工高粱米时脱下的皮层、胚和少量胚乳的混合物	粗脂肪 粗纤维
3.5	高粱米	高粱籽粒经脱皮工艺去除皮层后的产品	淀粉 粗蛋白质
3.6	去皮高粱粉	高粱籽粒去除种皮、胚芽后，将胚乳部分研磨成适当细度获得的粉状产品	淀粉 粗蛋白质
3.7	全高粱粉	不去除任何皮层的完整高粱籽粒经碾磨获得的产品	淀粉 粗蛋白质
4	小麦及其加工产品		
4.1	小麦	小麦的籽实。可经瘤胃保护	
4.2	发芽小麦（芽麦）	发芽的小麦	粗蛋白质 粗纤维
4.3	谷朊粉（活性小麦面筋粉）（小麦蛋白粉）	以小麦或小麦粉为原料，去除淀粉和其他碳水化合物等非蛋白质成分后获得的小麦蛋白产品。由于水合后具有高度黏弹性，又称活性小麦面筋粉	粗蛋白质 吸水率
4.4	喷浆小麦麸	将小麦浸泡液喷到小麦麸皮上并经干燥获得的产品	粗蛋白质 粗纤维

（续表）

原料编号	原料名称	特征描述	强制性标识要求
4.5	膨化小麦	小麦在一定温度和压力条件下，经膨化处理获得的产品	淀粉 粗蛋白质 淀粉糊化度
4.6	全小麦粉	不去除任何皮层的完整小麦籽粒经碾磨获得的产品	淀粉 粗蛋白质 面筋量
4.7	小麦次粉	以小麦为原料经制粉工艺生产面粉的副产品之一，由糊粉层、胚乳及少量细麸组成	淀粉 粗纤维
4.8	小麦粉（面粉）	小麦经制粉工艺制成的以面粉为主、含有少量细麦麸和胚的粉状产品	淀粉 粗蛋白质 面筋量
4.9	小麦粉浆粉	小麦提取淀粉、谷朊粉后的液态副产物经浓缩、干燥获得的产品	粗蛋白质 水分
4.10	小麦麸（麸皮）	小麦在加工过程中所分出的麦皮层	粗纤维
4.11	小麦胚	小麦加工时提取的胚及混有少量麦皮和胚乳的副产品	粗蛋白质 粗脂肪
4.12	小麦胚芽饼	小麦胚经压榨取油后的副产品	粗蛋白质 粗脂肪
4.13	小麦胚芽粕	小麦胚经浸提取油后的副产品	粗蛋白质
4.14	小麦胚芽油	小麦胚经压榨或浸提制取的油脂。产品须由有资质的食品生产企业提供	酸价 过氧化值
4.15	小麦水解蛋白	谷朊粉经部分水解后获得的产品	粗蛋白质
4.16	小麦糖渣	小麦生产淀粉糖的副产品	粗蛋白质 水分
4.17	小麦纤维	从小麦籽实中提取的纤维，或者生产小麦淀粉过程中提取的纤维类产物	粗纤维
4.18	小麦纤维渣（小麦皮）	小麦淀粉加工副产品。主要成分为纤维素，含有少部分胚乳	粗纤维 水分
4.19	压片小麦	去壳小麦经蒸汽、碾压后的产品。其中可含有少量小麦壳。可经瘤胃保护	淀粉 粗蛋白质
4.20	预糊化小麦	将粉碎或破碎小麦经湿热、压力等预糊化工艺处理后获得的产品	淀粉 粗蛋白质 淀粉糊化度
5	燕麦及其加工产品		
5.1	燕麦	燕麦的籽实	
5.2	膨化燕麦	碾磨或破碎燕麦在一定温度和压力条件下，经膨化处理获得的产品	淀粉 淀粉糊化度

（续表）

原料编号	原料名称	特征描述	强制性标识要求
5.3	全燕麦粉	不去除任何皮层的完整燕麦籽粒经碾磨获得的产品	淀粉 粗蛋白质
5.4	脱壳燕麦	燕麦的去壳籽实，可经蒸汽处理	淀粉
5.5	燕麦次粉	以燕麦为原料经制粉工艺形成的副产品之一，由糊粉层、胚乳及少量细麸组成	淀粉 粗纤维
5.6	燕麦粉	燕麦经制粉工艺制成的以燕麦粉为主、含有少量细麦麸和胚的粉状产品	淀粉 粗蛋白质
5.7	燕麦麸	以燕麦为原料碾磨制粉过程中所分离出的麦皮层	粗纤维
5.8	燕麦壳	燕麦经脱皮工艺后脱下的外壳	粗纤维
5.9	燕麦片	燕麦经汽蒸、碾压后的产品。可包括少部分的燕麦壳	淀粉 粗蛋白质
5.10	燕麦苗粉[e]	燕麦的幼苗经干燥、粉碎后获得的产品	粗蛋白质 粗纤维 水分
6	玉米及其加工产品		
6.1	玉米	玉米籽实	
6.2	喷浆玉米皮	将玉米浸泡液喷到玉米皮上并经干燥获得的产品	粗蛋白质 粗纤维
6.3	膨化玉米	玉米在一定温度和压力条件下，经膨化处理获得的产品	淀粉 淀粉糊化度
6.4	去皮玉米	玉米籽实脱去种皮后的产品	淀粉 粗蛋白质
6.5	压片玉米	去皮玉米经汽蒸、碾压后的产品。其中可含有少部分种皮	淀粉 淀粉糊化度
6.6	玉米次粉	生产玉米粉、玉米糁过程中的副产品之一。主要由玉米皮和部分玉米碎粒组成	淀粉 粗纤维
6.7	玉米蛋白粉	玉米经脱胚、粉碎、去渣、提取淀粉后的黄浆水，再经脱水制成的富含蛋白质的产品，粗蛋白质含量不低于50%（以干基计）	粗蛋白质
6.8	玉米淀粉渣	生产柠檬酸等玉米深加工产品过程中，玉米经粉碎、液化、过滤获得的滤渣，再经干燥获得的产品	淀粉 粗蛋白质 粗脂肪 水分
6.9	玉米粉	玉米经除杂、脱胚（或不脱胚）、碾磨获得的粉状产品	淀粉 粗蛋白质
6.10	玉米浆干粉	玉米浸泡液经过滤、浓缩、低温喷雾干燥后获得的产品	粗蛋白 二氧化硫

（续表）

原料编号	原料名称	特征描述	强制性标识要求
6.11	玉米酶解蛋白	玉米蛋白粉经酶水解、干燥后获得的产品	酸溶蛋白（三氯乙酸可溶蛋白） 粗蛋白质 粗灰分 钙含量
6.12	玉米胚	玉米籽实加工时所提取的胚及混有少量玉米皮和胚乳的副产品	粗蛋白质 粗脂肪
6.13	玉米胚芽饼	玉米胚经压榨取油后的副产品	粗蛋白质 粗脂肪 粗纤维
6.14	玉米胚芽粕	玉米胚经浸提取油后的副产品	粗蛋白质 粗纤维
6.15	玉米皮	玉米加工过程中分离出来的皮层	粗纤维
6.16	玉米糁（玉米碴）	玉米经除杂、脱胚、碾磨和筛分等系列工序加工而成的颗粒状产品	淀粉 粗蛋白质
6.17	玉米糖渣	玉米生产淀粉糖的副产品	淀粉 粗蛋白质 粗脂肪 水分
6.18	玉米芯粉	玉米的中心穗轴经研磨获得的粉状产品	粗纤维
6.19	玉米油（玉米胚芽油）	由玉米胚经压榨或浸提制取的油。产品须由有资质的食品生产企业提供	粗脂肪 酸价 过氧化值
6.20	玉米糠[e]	加工玉米时脱下的皮层、少量胚和胚乳的混合物	粗脂肪 粗纤维

注：[e]. 2018 年 4 月 27 日中华人民共和国农业农村部公告第 22 号修订。下表同。

二、油料籽实及其加工产品（表 3-2）

表 3-2　油料籽实及其加工产品

原料编号	原料名称	特征描述	强制性标识要求
1	菜籽及其加工产品		
1.1	菜籽（油菜籽）	十字花科草本植物栽培油菜，包括甘蓝型、白菜型、芥菜型油菜的小颗粒球形种子	
1.2	菜籽饼（菜饼）	菜籽经压榨取油后的副产品	粗蛋白质 粗脂肪

（续表）

原料编号	原料名称	特征描述	强制性标识要求
1.3	菜籽蛋白	利用菜籽或菜籽粕生产的蛋白质含量不低于50%（以干基计）的产品	粗蛋白质
1.4	菜籽皮	油菜籽经脱皮工艺脱下的种皮	粗脂肪 粗纤维
1.5	菜籽粕（菜粕）	油菜籽经预压浸提或直接溶剂浸提取油后获得的副产品，或由菜籽饼浸提取油后获得的副产品	粗蛋白质 粗纤维
1.6	菜籽油（菜油）	菜籽经压榨或浸提制取的油。产品须由有资质的食品生产企业提供	酸价 过氧化值
1.7	膨化菜籽	菜籽在一定温度和压力条件下，经膨化处理获得的产品	粗蛋白质 粗脂肪
1.8	双低菜籽	油菜籽中油的脂肪酸中芥酸含量不高于5%，饼粕中硫苷含量不高于45微摩尔/克的油菜籽品种	芥酸 硫苷
1.9	双低菜籽粕（双低菜粕）	双低菜籽预压浸提或直接溶剂浸提取油后获得的副产品，或由双低菜籽饼浸提取油后获得的副产品	粗蛋白 粗纤维 硫苷
2	大豆及其加工产品		
2.1	大豆	豆科草本植物栽培大豆的种子	
2.2	大豆分离蛋白	以低温大豆粕为原料，利用碱溶酸析原理，将蛋白质和其他可溶性成分萃取出来，再在等电点下析出蛋白质，蛋白质含量不低于90%（以干基计）的产品	粗蛋白质
2.3	大豆磷脂油（大豆磷脂油粉）[a]	在大豆原油脱胶过程中分离出的、经真空脱水获得的含油磷脂；或大豆磷脂油与载体（玉米粉、玉米芯粉、稻壳粉、麸皮）混合、干燥后的产品，粗脂肪不低于50%	丙酮不溶物 粗脂肪 酸价 水分
2.4	大豆酶解蛋白	大豆或大豆加工产品（脱皮豆粕/大豆浓缩蛋白）经酶水解、干燥后获得的产品	酸溶蛋白 （三氯乙酸可溶蛋白） 粗蛋白质 粗灰分 钙
2.5	大豆浓缩蛋白	低温大豆粕除去其中的非蛋白成分后获得的蛋白质含量不低于65%（以干基计）的产品	粗蛋白质
2.6	大豆胚芽粕（大豆胚芽粉）	大豆胚芽脱油后的产品	粗蛋白质 粗纤维
2.7	大豆胚芽油	大豆胚芽经压榨或浸提制取的油。产品须由有资质的食品生产企业提供	酸价 过氧化值
2.8	大豆皮	大豆经脱皮工艺脱下的种皮	粗蛋白质 粗纤维

（续表）

原料编号	原料名称	特征描述	强制性标识要求
2.9	大豆筛余物	大豆籽实清理过程中筛选出的瘪的或破碎的籽实、种皮和外壳	粗纤维 粗灰分
2.10	大豆糖蜜	醇法大豆浓缩蛋白生产中，萃取液经浓缩获得的总糖不低于55%、粗蛋白不低于8%的黏稠物（以干基计）	总糖 蔗糖 粗蛋白质 水分
2.11	大豆纤维	从大豆中提取的纤维物质	粗纤维
2.12	大豆油（豆油）	大豆经压榨或浸提制取的油。产品须由有资质的食品生产企业提供	酸价 过氧化值
2.13	豆饼（大豆饼）[a]	大豆籽粒经压榨取油后的副产品	粗蛋白质 粗脂肪
2.14	豆粕（大豆粕）[a]	大豆经预压浸提或直接溶剂浸提取油后获得的副产品；由大豆饼浸提取油后获得的副产品；或大豆胚片经膨胀浸制油工艺提取油后获得的产品	粗蛋白质 粗纤维
2.15	豆渣（大豆渣）[a]	大豆经浸泡、碾磨、加工成豆制品或提取蛋白后的副产品	粗蛋白质 粗纤维
2.16	烘烤大豆（粉）	烘烤的大豆或将其粉碎后的产品	
2.17	膨化大豆（膨化大豆粉）	全脂大豆经清理、破碎（磨碎）、膨化处理获得的产品	粗蛋白质 粗脂肪
2.18	膨化大豆蛋白（大豆组织蛋白）	大豆分离蛋白、大豆浓缩蛋白在一定温度和压力条件下，经膨化处理获得的产品	粗蛋白质
2.19	膨化豆粕[a]	豆粕经膨化处理后获得的产品	粗蛋白质 粗纤维
3	花生及其加工产品		
3.1	花生	豆科草本植物栽培花生荚果的种子，椭圆形，种皮有黑、白、紫红等色	
3.2	花生饼（花生仁饼）	脱壳或部分脱壳（含壳率不高于30%）的花生经压榨取油后的副产品	粗蛋白质 粗脂肪 粗纤维
3.3	花生蛋白	由花生及花生粕生产的蛋白质含量不低于65%（以干基计）的产品	粗蛋白质 粗纤维
3.4	花生红衣	花生仁外衣，含有丰富单宁和硫胺	粗纤维
3.5	花生壳	花生的外壳	粗纤维
3.6	花生粕（花生仁粕）	花生经预压浸提或直接溶剂浸提取油后获得的副产品，或由花生饼浸提取油获得的副产品	粗蛋白质 粗脂肪 粗纤维

（续表）

原料编号	原料名称	特征描述	强制性标识要求
3.7	花生油	花生（仁）经压榨或浸提制取的油。产品须由有资质的食品生产企业提供	酸价 过氧化值
4	可可及其加工产品		
4.1	可可饼（粉）	脱壳后的可可豆经压榨取油后的副产品，可经粉碎	粗蛋白质 粗脂肪 粗纤维
4.2	可可油（可可脂）	可可豆经压榨或浸提制取的油。产品须由有资质的食品生产企业提供	酸价 过氧化值
5	葵花籽及其加工产品		
5.1	葵花籽（向日葵籽）	菊科草本植物栽培向日葵短卵形瘦果的种子	
5.2	葵花头粉（向日葵盘粉）	葵花盘脱除葵花籽后剩余物粉碎烘干的产品	粗纤维 粗灰分
5.3	葵花籽壳（向日葵壳）	向日葵籽的外壳	粗纤维
5.4	葵花籽仁饼（向日葵籽仁饼）	部分脱壳的向日葵籽经压榨取油后的副产品	粗蛋白质 粗脂肪 粗纤维
5.5	葵花籽仁粕（向日葵籽仁粕）	部分脱壳的向日葵菜籽经预压浸提或直接溶剂浸提取油后获得的副产品	粗蛋白质 粗纤维
5.6	葵花籽油（向日葵籽油）	向日葵籽经压榨或浸提制取的油。产品须由有资质的食品生产企业提供	酸价 过氧化值
6	棉籽及其加工产品		
6.1	棉籽	锦葵科草木或多年生灌木棉花蒴果的种子。不得用于水产饲料	
6.2	棉仁饼	按脱壳程度，含壳量低的棉籽饼称为棉仁饼	粗蛋白质 粗脂肪 粗纤维
6.3	棉籽饼（棉饼）	棉籽经脱绒、脱壳和压榨取油后的副产品	粗蛋白质 粗脂肪 粗纤维
6.4	棉籽蛋白[a]	由棉籽或棉籽粕生产的粗蛋白质含量在50%以上的产品	粗蛋白质 游离棉酚
6.5	棉籽壳	棉籽剥壳，以及仁壳分离后以壳为主的产品	粗纤维

（续表）

原料编号	原料名称	特征描述	强制性标识要求
6.6	棉籽酶解蛋白	棉籽或棉籽蛋白粉经酶水解、干燥后获得的产品	酸溶蛋白（三氯乙酸可溶蛋白）粗蛋白质 粗灰分 游离棉酚 钙
6.7	棉籽粕（棉粕）	棉籽经脱绒、脱壳、仁壳分离后，经预压浸提或直接溶剂浸提取油后获得的副产品，或由棉籽饼浸提取油获得的副产品	粗蛋白质 粗纤维
6.8	棉籽油（棉油）	棉籽经压榨或浸提制取的油。产品须由有资质的食品生产企业提供	酸价 过氧化值
6.9	脱酚棉籽蛋白（脱毒棉籽蛋白）	以棉籽为原料，在低温条件下，经软化、轧胚、浸出提油后并将棉酚以游离状态萃取脱除后得到的粗蛋白质含量不低于50%、游离棉酚含量不高于400毫克/千克、氨基酸占粗蛋白比例不低于87%的产品	粗蛋白质 粗纤维 游离棉酚 氨基酸占粗蛋白比例
7	木棉籽及其加工产品		
7.1	木棉籽饼	木棉籽经压榨取油后的副产品	粗蛋白质 粗脂肪 粗纤维
7.2	木棉籽粕	木棉籽经预压浸提或直接溶剂浸提取油后获得的副产品，或由木棉籽饼浸提取油获得的副产品	粗蛋白质 粗纤维
7.3	木棉籽油	木棉籽经压榨或浸提制取的油。产品须由有资质的食品生产企业提供	酸价 过氧化值
8	亚麻籽及其加工产品		
8.1	亚麻籽（胡麻籽）	亚麻的种子	
8.2	亚麻饼（亚麻籽饼，亚麻仁饼，胡麻饼）	亚麻籽经压榨取油后的副产品	粗蛋白质 粗脂肪 粗纤维
8.3	亚麻粕（亚麻籽粕，亚麻仁粕，胡麻粕）	亚麻籽经浸提取油后的副产品	粗蛋白质 粗纤维
8.4	亚麻籽油	亚麻籽经压榨或浸提制取的油。产品须由有资质的食品生产企业提供	酸价 过氧化值
8.5	亚麻籽粉[e]	亚麻籽经制粉工艺获得的粉状产品	粗蛋白质 粗脂肪 粗纤维

（续表）

原料编号	原料名称	特征描述	强制性标识要求
9	椰子及其加工产品		
9.1	椰子饼	以干燥的椰子胚乳（即椰肉）为原料，经压榨取油后的副产品	粗蛋白质 粗脂肪 粗纤维
9.2	椰子粕	以干燥的椰子胚乳（即椰肉）为原料，经预榨以及溶剂浸提取油后的副产品	粗蛋白质 粗纤维
9.3	椰子油	椰子胚乳（即椰肉）经压榨或浸提制取的油。产品须由有资质的食品生产企业提供	酸价 过氧化值
10	油棕榈及其加工产品		
10.1	棕榈果	棕榈果穗上的含油未加工脱脂和未分离果核的果（肉）实	粗脂肪 粗蛋白 粗纤维
10.2	棕榈饼（棕榈仁饼）	棕榈仁经压榨取油后的副产品	粗蛋白质 粗脂肪 粗纤维
10.3	棕榈粕（棕榈仁粕）	棕榈仁经浸提取油后的副产品	粗蛋白质 粗纤维
10.4	棕榈仁	油棕榈果实脱壳后的果仁	
10.5	棕榈仁油	棕榈仁经压榨或浸提制取的油。产品须由有资质的食品生产企业提供	酸价 过氧化值
10.6	棕榈油（棕榈脂肪粉）ᵃ	棕榈果肉经压榨或浸提制取的油；或棕榈油经加热、喷雾、冷却获得的颗粒状粉末。产品不得添加任何载体，粗脂肪不低于99.5%。产品须由有资质的食品生产企业提供	酸价 过氧化值
10.7	棕榈脂肪酸粉 ᵍ	棕榈油经精炼、水解、氢化、蒸馏、喷雾、冷却制取的颗粒状棕榈脂肪酸粉。产品中总脂肪酸（包括棕榈酸、油酸和其他脂肪酸）含量不低于99.5%，其中棕榈酸（C16：0）含量大于60%，油酸（C18：1）含量小于25%。棕榈油须由有资质的食品生产企业提供	酸价 过氧化值 碘价 总脂肪酸 棕榈酸
11	芝麻及其加工产品		
11.1	芝麻籽	芝麻种子	
11.2	芝麻饼（油麻饼）	芝麻籽经压榨取油后的副产品	粗蛋白质 粗脂肪 粗纤维
11.3	芝麻粕	芝麻籽经预压浸提或直接溶剂浸提取油后的副产品，或芝麻籽饼浸提取油后的副产品	粗蛋白质 粗纤维
11.4	芝麻油	芝麻籽经压榨或浸提制取的油。产品须由有资质的食品生产企业提供	酸价 过氧化值

注：ᵃ. 2013年12月19日中华人民共和国农业农村部公告第2038号修订；下表同。

ᵍ. 2021年8月17日中华人民共和国农业农村部公告第459号修改。

三、豆科作物籽实及其加工产品（表3-3）

本类饲料原料中，大豆及其加工产品见第二部分油料籽实及其加工产品。

表3-3　豆科作物籽实及其加工产品

原料编号	原料名称	特征描述	强制性标识要求
1	红豆及其加工产品		
1.1	红豆（赤豆、红小豆）	豆科、豇豆属红豆的籽实	
1.2	红豆皮	红豆籽实经脱皮工艺脱下的种皮	粗纤维 粗灰分
1.3	红豆渣	红豆经湿法提取淀粉和蛋白后所得的副产品	粗纤维 粗灰分 水分
2	角豆及其加工产品		
2.1	角豆粉	豆科长角豆属长角豆的籽实和豆荚一起粉碎后获得的产品	粗蛋白质 粗纤维 总糖
3	绿豆及其加工产品		
3.1	绿豆	豆科豇豆属绿豆的籽实	
3.2	绿豆粉浆蛋白粉	用绿豆生产淀粉时，从其粉浆中分离出淀粉后经干燥获得的粉状副产品	粗蛋白质
3.3	绿豆皮	绿豆籽实经去皮工艺脱下的种皮	粗纤维 粗灰分
3.4	绿豆渣	绿豆经湿法提取淀粉和蛋白后所得的副产品	粗纤维 粗灰分 水分
4	豌豆及其加工产品		
4.1	豌豆	豆科豌豆属豌豆的籽实	
4.2	去皮豌豆	豌豆籽实去皮后的产品	粗蛋白质 粗纤维
4.3	豌豆次粉	豌豆制粉过程中获得的副产品，主要由胚乳和少量豆皮组成	粗蛋白质 粗纤维
4.4	豌豆粉	豌豆经粉碎所得的产品	粗蛋白质 粗纤维
4.5	豌豆粉浆蛋白粉	用豌豆生产淀粉时，从其粉浆中分离出淀粉后经干燥获得的粉状副产品	粗蛋白质

（续表）

原料编号	原料名称	特征描述	强制性标识要求
4.6	豌豆粉浆粉	豌豆经湿法提取淀粉和蛋白后所得的液态副产物，经浓缩、干燥获得的粉状产品。主要由可溶性蛋白和碳水化合物组成	粗蛋白质 水分
4.7	豌豆皮	豌豆籽实经去皮工艺脱下的种皮	粗纤维 粗灰分
4.8	豌豆纤维	从豌豆中提取的纤维物质	粗纤维
4.9	豌豆渣	豌豆经湿法提取淀粉和蛋白后所得的副产品	粗纤维 粗灰分 水分
4.10	压片豌豆	去皮豌豆经汽蒸、碾压获得的产品	粗蛋白质

四、块茎、块根及其加工产品（表3-4）

表3-4 块根、块茎及其加工产品

原料编号	原料名称	特征描述	强制性标识要求
1	白萝卜及其加工产品		
1.1	萝卜干（片、块、粉、颗粒）	萝卜经切块、干燥、粉碎工艺获得的不同形态的产品。产品名称应注明产品形态，如：白萝卜干	水分
2	大蒜及其加工产品		
2.1	大蒜粉（片）	百合科葱属蒜经粉碎或切片获得的白色至黄色粉末或片状物	
2.2	大蒜渣	大蒜取油后的副产品	粗纤维 水分
3	甘薯及其加工产品		
3.1	甘薯（红薯、白番薯、山芋、地瓜、红苕）干（片、块、粉、颗粒）	旋花科番薯属甘薯植物的块根，经切块、干燥、粉碎工艺获得的不同形态的产品。产品名称应注明产品形态，如：甘薯干	水分
3.2	甘薯渣	甘薯提取淀粉后的副产品	粗纤维 粗灰分 水分
3.3	紫薯干（片、块、粉、颗粒）	旋花科番薯属紫薯的块根，经切块、干燥、粉碎工艺获得的不同形态的产品。产品名称应注明产品形态，如：紫薯干	水分

（续表）

原料编号	原料名称	特征描述	强制性标识要求
4	胡萝卜及其加工产品		
4.1	胡萝卜干（片、块、粉、颗粒）	胡萝卜经切块、干燥、粉碎工艺获得的不同形态的产品。产品名称应注明产品形态，如：胡萝卜干	水分
4.2	胡萝卜渣	胡萝卜经榨汁或提取胡萝卜素后获得的副产品	粗纤维 粗灰分 水分
5	菊苣及其加工产品		
5.1	菊苣根干（片、块、粉、颗粒）	菊科菊苣属菊苣的块根，经干燥、粉碎工艺获得的不同形态的产品。产品名称应注明产品形态，如：菊苣根粉	水分 总糖
5.2	菊苣渣	菊苣制取菊糖或香料后的副产品，由浸提或压榨后的菊苣片组成	粗纤维 粗灰分 水分
6	菊芋及其加工产品		
6.1	菊糖	菊科向日葵属菊芋的块根中提取的果聚糖。产品须由有资质的食品生产企业提供	菊糖
6.2	菊芋渣	菊芋提取菊糖后的副产物	粗纤维 粗灰分 水分
7	马铃薯及其加工产品		
7.1	马铃薯（土豆、洋芋、山药蛋）干（片、块、粉、颗粒）	马铃薯经切块、切片、干燥、粉碎等工艺获得的不同形态的产品。产品名称应注明产品形态，如：马铃薯干	水分
7.2	马铃薯蛋白粉	马铃薯提取淀粉后经干燥获得的粉状产品。主要成分为蛋白质	粗蛋白质
7.3	马铃薯渣	马铃薯经提取淀粉和蛋白后的副产物	粗纤维 粗灰分 水分
8	魔芋及其加工产品		
8.1	魔芋干（片、块、粉、颗粒）	天南星科魔芋属魔芋的块根经切块、切片、干燥、粉碎等工艺获得的不同形态的产品。产品名称应注明产品形态，如：魔芋干	水分
9	木薯及其加工产品		
9.1	木薯干（片、块、粉、颗粒）	木薯经切块、片、干燥、粉碎等工艺获得的不同形态的产品。产品名称应注明产品形态，如：木薯干	水分

（续表）

原料编号	原料名称	特征描述	强制性标识要求
9.2	木薯渣	木薯提取淀粉后的副产物	粗纤维 粗灰分 水分
10	甜菜及其加工产品		
10.1	甜菜粕（渣）	藜科甜菜属甜菜的块根制糖后的副产品，由浸提或压榨后的甜菜片组成	粗纤维 粗灰分 水分
10.2	甜菜粕颗粒	以甜菜粕为原料，添加废糖蜜等辅料经制粒形成的产品	粗纤维 粗灰分 水分
10.3	甜菜糖蜜	从甜菜中提糖后获得的液体副产品	总糖 粗灰分 水分

五、其他蛋鸡常用饲料原料（表3-5）

表3-5　其他蛋鸡常用饲料原料

原料编号	原料名称	特征描述	强制性标识要求
1	干酪及干酪制品		
1.1	奶酪（干酪）	可食用的奶酪，根据使用要求可对其进行脱水干燥、碾磨粉碎等加工处理。产品须由有资质的乳制品生产企业提供	蛋白质 脂肪 水分
2	酪蛋白及其加工制品		
2.1	酪蛋白（干酪素）	以脱脂乳为原料，用酸、盐、凝乳酶等使乳中的酪蛋白凝集，再经脱水、干燥、粉碎获得的产品。该产品蛋白质含量不低于80%。产品须由有资质的乳制品生产企业提供	蛋白质 赖氨酸
2.2	水解酪蛋白	将酪蛋白经酶水解、干燥获得的产品。该产品蛋白质含量不低于74%。产品须由有资质的乳制品生产企业提供	蛋白质 赖氨酸
2.3	酪蛋白酸钙	以脱脂乳为原料，制成酪蛋白后与氢氧化钙或碳酸钙等中和，再经干燥获得的产品。产品中蛋白质含量不低于88%，钙含量不低于1.15%	蛋白质 钙
3	乳清及其加工制品		

（续表）

原料编号	原料名称	特征描述	强制性标识要求
3.1	乳清粉	以乳清为原料经干燥制成的粉末状产品。产品须由有资质的乳制品生产企业提供	蛋白质 粗灰分 乳糖
3.2	分离乳清蛋白	乳清蛋白粉的一种，蛋白质含量不低于90%。产品须由有资质的乳制品生产企业提供	蛋白质 粗灰分
3.3	浓缩乳清蛋白	乳清蛋白粉的一种，蛋白质含量不低于34%。产品须由有资质的乳制品生产企业提供	蛋白质 粗灰分 乳糖
3.4	乳钙（乳矿物盐）	从乳清液中分离出的高钙含量的产品。钙含量不低于22%。产品须由有资质的乳制品生产企业提供	钙磷 粗灰分
3.5	乳清蛋白粉	以乳清为原料，经分离、浓缩、干燥等工艺制成的蛋白质含量不低于25%的粉末状产品。产品须由有资质的乳制品生产企业提供	蛋白质 粗灰分 乳糖
3.6	脱盐乳清粉	以乳清为原料，经脱盐、干燥制成的粉末状产品，乳糖含量不低于61%，粗灰分不高于3%。产品须由有资质的乳制品生产企业提供	蛋白质 粗灰分 乳糖
4	乳糖及其加工制品		
4.1	乳糖	将乳清蒸发、结晶、干燥后获得的产品，乳糖含量不低于98%。产品须由有资质的乳制品生产企业提供	乳糖
5	动物油脂类产品		
5.1	___油	分割可食用动物组织过程中获得的含脂肪部分，经熬油提炼获得的油脂。原料应来自单一动物种类，新鲜无变质或经冷藏、冷冻保鲜处理；不得使用发生疫病和含禁用物质的动物组织。本产品不得加入游离脂肪酸和其他非食用动物脂肪。产品中总脂肪酸不低于90%，不皂化物不高于2.5%，不溶杂质不高于1%。名称应标明具体的动物种类，如：猪油	粗脂肪 不皂化物 酸价 丙二醛
5.2	___油渣（饼）	屠宰、分割可食用动物组织过程中获得的含脂肪部分，经提炼油后获得的固体残渣。原料应来自单一动物种类，新鲜无变质或经冷藏、冷冻保鲜处理；不得使用发生疫病和含禁用物质的动物组织。产品名称应标明具体的动物种类，如：猪油渣	粗蛋白质 粗脂肪
6	昆虫加工产品		
6.1	蚕蛹（粉）	蚕蛹经干燥获得的产品。可将其粉碎	粗蛋白质 粗脂肪 酸价
6.2	蚕蛹粕［脱脂蚕蛹（粉）］	蚕蛹（粉）脱脂处理后获得的产品	粗蛋白质 粗脂肪 酸价

（续表）

原料编号	原料名称	特征描述	强制性标识要求
6.3	＿＿＿虫（粉）	昆虫经干燥获得的产品，可对其进行粉碎。此类昆虫在不影响公共健康和动物健康的前提下方可进行上述加工。产品名称应标明具体动物种类，如：黄粉虫（粉）	粗蛋白质 粗脂肪 酸价
6.4	脱脂＿＿＿虫粉	对昆虫（粉）采用超临界萃取等方法进行脱脂后获得的产品。此类昆虫在不影响人类和动物健康的前提下方可进行上述加工。产品名称应标明具体动物种类，如：脱脂黄粉虫粉	粗蛋白质 粗脂肪
7	内脏、蹄、角、爪、羽毛及其加工产品		
7.1	膨化羽毛粉	家禽羽毛经膨化、粉碎后获得的产品。原料不得使用发生疫病和变质家禽羽毛	粗蛋白质 粗灰分 胃蛋白酶 消化率
7.2	水解羽毛粉	家禽羽毛经水解后，干燥、粉碎获得的产品。原料不得使用发生疫病和变质的家禽羽毛。本产品胃蛋白酶消化率不低于75%。产品名称应注明水解的方法（酶解、酸解、碱解、高温高压水解），如：酶解羽毛粉	粗蛋白质 粗灰分 胃蛋白酶 消化率
8	贝类及其副产品		
8.1	贝壳粉	贝类的壳经过干燥、粉碎获得的产品	粗灰分 钙
8.2	干贝粉	食品企业加工食用干贝（扇贝柱）剩余的边角料（不包括壳），经干燥、粉碎获得的产品	粗蛋白质 粗脂肪 组胺
9	鱼及其副产品		
9.1	鱼粉	全鱼或经分割的鱼体经蒸煮、压榨、脱脂、干燥、粉碎获得的产品。在干燥过程中可加入鱼溶浆。不得使用发生疫病和受污染的鱼。该产品原料若来源于淡水鱼，产品名称应标明"淡水鱼粉"	粗蛋白质 粗脂肪 粗灰分 赖氨酸 挥发性盐基氮
9.2	鱼骨粉	鱼类的骨骼经粉碎、烘干获得的产品	钙 磷 粗灰分
10	天然矿物质		
10.1	沸石粉	天然斜发沸石或丝光沸石经粉碎获得的产品	钙吸蓝量 吸氨值 水分
10.2	滑石粉	天然硅酸镁盐类矿物滑石经精选、净化、粉碎、干燥获得的产品	水分

（续表）

原料编号	原料名称	特征描述	强制性标识要求
10.3	麦饭石	天然的无机硅铝酸盐	水分
10.4	蒙脱石	由颗粒极细的水合铝硅酸盐构成的矿物，一般为块状或土状。蒙脱石是膨润土的功能成分，需要从膨润土中提纯获得	吸蓝量 吸氨值 水分
10.5	膨润土（斑脱岩、膨土岩）	以蒙脱石为主要成分的黏土岩—蒙脱石黏土岩	水分
10.6	石粉	用机械方法直接粉碎天然含碳酸钙的石灰石、方解石、白垩沉淀、白垩岩等而制得。钙含量不低于35%	钙
10.7	蛭石	含有硅酸镁、铝、铁的天然矿物质经加热膨胀形成的产品。不得含有石棉	水分 氟
10.8	腐植酸钠	泥炭、褐煤或风化煤粉碎后，与氢氧化钠溶液充分反应得到的上清液经浓缩、干燥得到的产品，其中可溶性腐植酸不低于55%，水分不高于12%	可溶性腐植酸 水分
10.9	硅藻土	以天然硅藻土（硅藻的硅质遗骸）为原料，经过干燥、焙烧、酸洗、分级等工艺制成的硅藻土干燥品、酸洗品、焙烧品及助熔焙烧品。在配合饲料中用量不得超过2%。产品质量标准暂按《食品安全国家标准 食品添加剂 硅藻土》（GB 14936—2012）执行	水分 非硅物质
11	饼粕、糟渣发酵产品		
11.1	发酵豆粕	以豆粕为主要原料（不低于95%），以麸皮、玉米皮等为辅助原料，使用农业农村部《饲料添加剂品种目录》中批准使用的饲用微生物菌种进行固态发酵，并经干燥制成的蛋白质饲料原料产品	粗蛋白质 酸溶蛋白 水苏糖 水分
11.2	发酵棉籽蛋白	以脱壳程度高的棉籽粕或棉籽蛋白为主要原料（不低于95%），以麸皮、玉米等为辅助原料，使用农业农村部《饲料添加剂品种目录》中批准使用的酵母菌和芽孢杆菌进行固态发酵，并经干燥制成的粗蛋白质含量在50%以上的产品	粗蛋白质 酸溶蛋白 游离棉酚 水分

六、替代原料的营养特性

（一）玉米替代原料

1. 小麦

小麦粗蛋白质含量高于玉米，但含有一定量的木聚糖，适当补充淀粉多糖（NSP）酶后与玉米的有效能值相当。小麦替代玉米后容易缺乏亚油酸，可通过添加油脂等方式补充。小麦中可利用生物素含量极低，需额外补充。

2. 高粱

高粱粗蛋白质含量高于玉米，但苏氨酸含量低。其抗营养因子主要有单宁酸、植酸、高粱醇溶蛋白，使用时需要添加复合酶制剂，同时不能粉碎过细。高粱替代玉米的比例一般为40%~60%，同时需要添加油脂补足能量。

3. 大麦

大麦粗蛋白质和赖氨酸、苯丙氨酸、精氨酸含量高于玉米。其主要抗营养因子是β-葡聚糖，使用量较大时需添加相应的酶制剂。大麦替代玉米比例一般不超过80%，同时需要添加油脂补足能量。

4. 稻谷、糙米、碎米

稻谷中谷壳含量为20%，粗纤维含量在8.5%以上，有效能值比玉米低，粗蛋白质含量约为7%，在产蛋鸡日粮中可添加比例为20%~30%。糙米有效能值比玉米稍低，粗蛋白质含量约8.8%，色氨酸含量高于玉米，其他必需氨基酸含量与玉米相近；碎米有效能值与玉米相近，其他营养素与糙米相仿或稍高。糙米、碎米淀粉含量高，纤维含量低，易于消化，在产蛋鸡日粮中可添加比例为20%~40%。

5. 米糠、米糠粕

全脂米糠有效能值与玉米相当，维生素含量丰富且利用率高；脱脂米糠和米糠粕有效能含量低于玉米，但粗蛋白质和大多数氨基酸含量高于玉米。使用全脂米糠时，应注意防范其因脂肪含量高造成的酸败，需适当添加防腐剂和抗氧化剂，放置时间也不宜过长。

6. 木薯

将新鲜木薯的含水量减少到14%以下，加工制成木薯粉或木薯粒，其淀粉含量高达81%~88%，粗纤维含量约3.6%，粗蛋白质含量约2%~4%，富含钾、铁和锌，但缺乏含硫氨基酸，其有效能值约为玉米的90%。木薯中含有抗营养因子氢氰酸，通过加工、晒干或青贮均可以有效脱毒。使用木薯替代玉米应添加一定比例的蛋氨酸、硫代硫酸钠、碘和维生素 B_{12}。木薯粉或木薯粒在鸡饲料中一般不超过10%。

(二) 豆粕替代原料

在低蛋白日粮配制过程中，尽量使用豆粕替代原料，掌握蛋鸡不同饲养阶段日粮中豆粕的使用限量 (表3-6)。

表 3-6 蛋鸡不同饲养阶段日粮中豆粕使用限量 （%）

育雏期		育成期		产蛋期		
0~ 2 周龄	>2~ 6 周龄	育成前期 （>6~ 12 周龄）	育成后期 （>12~ 16 周龄）	开产前期	产蛋高峰期	产蛋后期
18	18	15	10	18	16	12

1. 菜籽饼粕

菜籽饼粕粗蛋白质含量低于豆粕，蛋氨酸含量高，赖氨酸和精氨酸含量低，消化率较差；可与棉籽粕进行合理搭配，改善氨基酸组成。普通菜籽饼粕可替代 40%~50% 的豆粕，双低菜粕替代比例可达 60%~80%。菜籽粕有效能值偏低，替代豆粕时需要适量添加油脂。

2. 棉籽饼粕

普通棉籽饼粕蛋白质含量低于豆粕，含有游离棉酚和环丙烯脂肪酸等抗营养因子；脱酚棉籽蛋白的粗蛋白质含量与豆粕相当或略高，精氨酸含量高于其他饼粕原料，但赖氨酸含量远低于豆粕。棉籽饼粕可与菜籽饼粕等其他饼粕组合使用，改善氨基酸组成。普通棉籽饼粕可替代 30%~40% 的豆粕，脱酚棉籽蛋白替代比例可达 60%~80%。

3. 花生饼粕

花生饼粕粗蛋白质含量与豆粕相当，精氨酸含量很高，但缺乏蛋氨酸、赖氨酸和色氨酸，氨基酸消化率低；所含矿物质中钙少磷多，且磷多属植酸磷；易受黄曲霉毒素污染，使用时需要注意防霉。花生饼粕在产蛋鸡饲料中用量一般不超过 8%。

4. 葵花籽仁粕

葵花籽仁粕中蛋氨酸含量高，赖氨酸和苏氨酸含量低，氨基酸消化率大多比豆粕低，最好与豆粕同时使用以改善氨基酸平衡。未脱壳的葵花籽仁粕纤维含量高，在产蛋鸡饲料中用量一般不超过 10%；脱壳处理后的葵花籽仁粕可适当加大用量。

5. 芝麻粕

芝麻粕粗蛋白质含量和氨基酸消化率与豆粕相似，精氨酸含量高，在鸡饲料中可添加比例在 15% 左右。

6. 玉米加工副产物

玉米加工副产物中的喷浆玉米皮、玉米蛋白粉、玉米胚芽粕可部分替代豆粕。喷浆玉米皮蛋白质含量可达 20% 以上，但使用时要注意防止真菌毒素污染；玉米蛋白粉纤维含量低，粗蛋白可达 60% 以上，但一半以上的蛋白质为醇溶蛋白，利用率较低，且氨基酸组成不平衡，蛋氨酸和谷氨酸含量高，赖氨酸和色氨酸缺乏，替代部分豆粕时需补充必需氨基酸；玉米胚芽粕粗蛋白质含量可达 30% 以上，但纤维含量高，缺乏赖氨酸、色氨酸和组氨酸，替代豆粕时要注意补充相应氨基酸。玉米加工副产物在产蛋鸡饲料中用量一般不超过 10%。在用小麦或大麦替代玉米的鸡饲料中，使用玉米蛋白粉可增加饲料中的玉米黄质，减少外源色素添加量。

7. 干全酒精糟（DDGS）

DDGS 蛋白质含量在 26% 以上，赖氨酸和色氨酸含量不足，叶黄素含量高。玉米 DDGS 脂肪含量在 10% 以上，且亚油酸比例高，可弥补因使用麦类原料导致的日粮亚油酸不足。DDGS 在产蛋鸡饲料中一般不超过 15%。

8. 棕榈粕

棕榈粕粗蛋白质含量低于豆粕，缺乏赖氨酸、蛋氨酸和色氨酸，纤维含量较高，在平衡日粮氨基酸基础上可部分替代豆粕。棕榈粕在产蛋鸡饲料中一般不超过 10%。

9. 亚麻饼粕、胡麻饼粕

亚麻饼粕和胡麻饼粕粗蛋白及氨基酸含量与菜籽饼粕相似，蛋氨酸与胱氨酸含量少，粗纤维含量约 8%。亚麻饼粕与胡麻饼粕因含氢氰酸，用量不宜过高，鸡日粮中可添加 5%~6%。

10. 其他植物性蛋白原料

根据部分地区养殖传统和饲料资源特点，可选择区域特色的植物性蛋白原料少量替代豆粕，如苜蓿、饲料桑、杂交构树、辣木等，将植物茎叶进行干燥与粉碎制成草粉后适量添加，同时要配合使用纤维素酶等酶制剂，鸡日粮中添加量一般不超过 5%。

第三节　蛋鸡的日粮配制

一、日粮配制的原则

为广辟饲料原料来源，提升利用水平，构建适合我国国情的新型日粮配方结构，保障原料有效供给，提升畜牧产业链、供应链现代化水平，要逐渐推行鸡饲料玉米豆粕的减量替代技术，配制蛋鸡低蛋白低豆粕多元化日粮。

为此，要选择适宜的饲料原料，依据《产蛋鸡和肉鸡配合饲料》（GB/T 5916—2020）蛋鸡不同饲养阶段的营养需求，确定日粮适宜的有效能水平和以标准回肠可消化氨基酸为基础的氨基酸平衡模式，同时考虑矿物质、维生素、电解质等其他养分平衡，合理使用其他饲料添加剂，以及应用原料预处理工艺等。

二、饲料原料和饲料添加剂选用的原则

（一）饲料原料

应符合《饲料原料目录》及后续补充公告的要求。依据蛋鸡不同饲养阶段的特性和饲料原料的营养价值，科学合理选择饲料原料。此外，可根据地区养殖传统和饲料资源特点，选择具有区域特色的蛋白质饲料原料，包括棉籽饼（粕）、菜籽饼（粕）、花生饼（粕）、葵花籽仁饼（粕）、芝麻饼（粕）、亚麻饼（粕）、含可溶物的玉米干酒精糟（DDGS），以及其他动植物、微生物蛋白原料等。

（二）饲料添加剂

应符合《饲料添加剂品种目录》及后续补充公告的要求。饲料添加剂的使用应符合《饲料添加剂安全使用规范》的要求。

（三）非常规饲料原料的推荐最高用量

蛋鸡不同饲养阶段日粮中非常规饲料原料的推荐最高用量见表3-7。

表3-7　蛋鸡不同饲养阶段日粮中非常规饲料原料推荐最高用量　　　　（%）

项目	育雏期		育成期		产蛋期		
	0~2周龄	>2~6周龄	育成前期（>6~12周龄）	育成后期（>12~16周龄）	开产前期	产蛋高峰期	产蛋后期
能量饲料							
小麦	50	50	70	70	60	60	70
高粱（低单宁）	10	30	50	50	50	50	50
皮大麦	10	30	50	50	50	50	50
稻谷	—	10	30	30	30	20	20

（续表）

项目	育雏期		育成期		产蛋期		
	0~2周龄	>2~6周龄	育成前期（>6~12周龄）	育成后期（>12~16周龄）	开产前期	产蛋高峰期	产蛋后期
能量饲料							
碎米	30	30	60	60	60	60	60
糙米	30	30	60	60	60	60	60
燕麦	10	15	15	20	20	20	20
次粉	10	10	30	30	20	20	20
小麦麸	10	10	30	30	20	20	20
木薯粉	—	—	10	10	10	15	15
苜蓿草粉	5	5	5	5	10	10	10
喷浆玉米皮	—	—	5	5	3	3	3
蛋白质饲料							
玉米蛋白粉	5	5	10	10	10	10	10
玉米胚芽粕	8	8	10	10	15	15	20
玉米 DDGS	5	5	10	10	15	15	15
膨化大豆	10	5	—	—	—	5	—
米糠粕	10	10	15	15	20	20	20
棉籽粕	5	5	15	15	15	10	10
脱酚棉籽蛋白	5	5	15	15	15	15	15
双低菜籽粕	5	5	5	5	10	10	10
葵花籽仁粕	5	5	10	10	15	15	15
花生粕	3	3	8	8	10	10	10
芝麻粕	—	—	5	5	10	10	10
亚麻粕	—	—	5	5	8	8	10
棕榈仁粕	—	—	5	5	10	10	10
豌豆	—	5	5	5	10	10	10
肉骨粉	5	5	10	10	5	5	5
鱼粉	5	5	5	5	—	—	—

（续表）

项目	育雏期		育成期		产蛋期		
	0~2周龄	>2~6周龄	育成前期（>6~12周龄）	育成后期（>12~16周龄）	开产前期	产蛋高峰期	产蛋后期
水解羽毛粉	—	—	2	2	4	4	4
酿酒酵母培养物	3	3	8	8	5	5	5
椰子粕	—	—	5	5	10	10	10
大豆浓缩蛋白	10	10	—	—	—	—	—

注：1. 注意原料新鲜度、霉菌毒素对替代比例的影响。

2. "—"表示不推荐使用或使用不经济。

3. 开产前期：性成熟至产蛋率达到5%的阶段；产蛋高峰期：产蛋率由5%持续上升至高峰，并维持至不低于85%的阶段；产蛋后期：产蛋率由高峰过后的85%至淘汰的阶段。

三、日粮配制要点

（一）确定日粮类型

根据玉米、豆粕替代原料的供应情况和市场价格，综合性价比，选择适宜的饲料原料，确定日粮类型。

（二）合理设置日粮有效能水平

参考有关饲养标准《产蛋鸡和肉鸡配合饲料》（GB/T 5916—2020）或不同蛋鸡品种（品系）饲养手册，结合不同生理阶段特点，确定日粮适宜的有效能水平，根据品种（品系）推荐的有效能需要量确定其他营养成分的相应比例。

（三）配制基于可利用氨基酸的低蛋白日粮

针对蛋鸡不同生理阶段，选用合适的氨基酸平衡模式。按照饲料原料中氨基酸实测值（湿化学法或者近红外方法）或者数据库中可利用氨基酸（如标准回肠氨基酸消化率）数值，计算出可以利用氨基酸为基础的日粮配方。合理补充必需氨基酸，并考虑其与非必需氨基酸、小肽之间的平衡。

（四）适当考虑其他营养素平衡

包括能氮平衡、脂肪酸平衡（补充亚油酸或不饱和脂肪酸）、维生素平衡、微量元素平衡、电解质平衡等。此外，还要兼顾考虑营养素来源、能量饲料组合、蛋白饲料组合等。

（五）合理选择和使用酶制剂

针对玉米、豆粕以外原料的抗营养因子种类和含量，选择适宜的酶制剂及其组合，如植酸酶以及木聚糖酶、β-葡聚糖酶等非淀粉多糖（NSP）酶和纤维素酶等。

（六）合理使用其他添加剂

小麦中的呕吐毒素、花生粕中的黄曲霉毒素等会损害动物健康，可通过添加霉菌毒素脱毒剂或降解剂来消除或缓解。库存期较长的谷物由于发生氧化和结构变化，会降低养分消化率，影响有效能值和营养素效价，可添加抗氧化剂予以预防。蛋鸡饲料中黄玉米用量降低或者使用非玉米原料时，可根据需求补充批准使用的天然色素或者化学合成色素类饲料添加剂。

蛋鸡日粮主要营养成分指标见表3-8。

表3-8　蛋鸡日粮主要营养成分指标　（%）

项目	育雏期		育成期		产蛋期		
	0~ 2周龄	>2~ 6周龄	育成前期 （>6~ 12周龄）	育成后期 （>12~ 16周龄）	开产前期	产蛋 高峰期	产蛋后期
粗蛋白质	19~22	17~19	15~17	14~16	16~17	15~17.5	13~16
赖氨酸	1	0.8	0.66	0.45	0.6	0.65	0.6
蛋氨酸	0.4	0.3	0.27	0.2	0.3	0.32	0.3
苏氨酸	0.65	0.5	0.45	0.3	0.4	0.45	0.4
粗纤维	5	6	8	8	7	7	7
粗灰分	8	8	9	10	13	15	15
钙	0.6~1	0.6~1	0.6~1	0.6~1	2~3	3~4.2	3.5~4.5
总磷	0.4~0.7	0.4~0.7	0.35~0.75	0.3~0.75	0.35~0.6	0.35~0.6	0.3~0.5
氯化钠（以水溶性氯化钠计）	0.3~0.8	0.3~0.8	0.3~0.8	0.3~0.8	0.3~0.8	0.3~0.8	0.3~0.8

注：1. 蛋氨酸的含量为蛋氨酸或蛋氨酸+蛋氨酸羟基类似物及其盐折算为蛋氨酸的含量；如使用蛋氨酸羟基类似物及其盐，应在产品标签中标注蛋氨酸折算系数。

2. 总磷含量已经考虑了植酸酶的使用。

四、配套加工措施及注意事项

（一）原料预处理

采用生物发酵或体外酶解等方式，处理杂粮和糟渣类副产物等低值原料，能够降解抗营养因子，增加有益微生物，产生部分有机酸和酶类，实现养分预消化，可提高其在饲料中的添加比例。

（二）替代原料加工

可合理使用粉碎、膨化、制粒等方式处理原料，提高其营养价值。在加工过程中，需要关注粉碎粒度、混合均匀度、饲料硬度等，否则会影响动物采食量和生产性能。小麦、大麦、高粱等黏度高，粉碎时尽量粗破，在鸡饲料中使用时应避免过度粉碎造成糊嘴现象。

（三）日粮加工生产

采用专用粉碎机如变频粉碎机，尽量使颗粒均匀、含粉率低，可采用蒸汽处理消毒饲料。

同时，要注意以下几个问题。

1. 注意电解质平衡，合理使用钠源

豆粕含有的钾离子较多，选择其他原料时要关注钠、钾、氯的含量，保持电解质平衡。钠源的选择包括小苏打、硫酸钠等。

2. 替代物使用要设限量

玉米、豆粕为优质的饲料原料，其他原料虽然可发挥组合效应，但多含有抗营养因子或真菌毒素，需要设置使用上限。

3. 换料设置过渡期，及时观察并适时调整

饲喂新料后，要仔细观察动物的反应和生产性能变化。杂粮和粮食加工副产物由于气味、颜色或可能存在有毒有害物质，适口性改变，生产中应该根据具体原料加以调整。注意观察适口性和饲喂效果是否良好，并确定是否采取相应措施。

五、蛋鸡饲料玉米豆粕减量替代方案示例

（一）小麦和糙米替代玉米

蛋鸡育成期和产蛋期日粮中，在补充油脂和添加酶制剂的情况下，小麦和

糙米可完全替代日粮中的玉米。建议使用小麦和糙米组合替代 40%~60% 的玉米，玉米用量降至 20% 以下。产蛋期日粮中，小麦和糙米替代玉米时，需要补充色素。蛋鸡育雏期日粮中，建议仍保留 20% 左右的玉米。

(二) 小麦、大麦和高粱替代玉米

蛋鸡育雏期日粮中，小麦、大麦或高粱搭配使用时，玉米用量可降低至 15% 左右。蛋鸡育成期和产蛋期日粮中，小麦、大麦和高粱用量均可到 40%，搭配使用并添加相应的酶制剂，玉米用量可降低为 0，在产蛋期日粮中需要补充色素。

(三) 杂粮等蛋白原料替代豆粕

蛋鸡育雏期日粮中，可单独或搭配使用棉籽饼粕、菜籽饼粕替代豆粕，建议替代比例不超过 5%，维持 15% 以上的豆粕用量。蛋鸡育成期日粮中，可搭配使用棉籽饼粕、菜籽饼粕、葵花籽仁粕、米糠粕替代豆粕，每种杂粮用量建议在 5%~8%，替代豆粕用量 15% 左右；蛋鸡产蛋期日粮中，可搭配使用棉籽饼粕、菜籽饼粕（各 8%~10%）和玉米蛋白粉（3%~5%）替代豆粕，豆粕用量可降至 8% 以下。

(四) 无豆粕日粮配方

蛋鸡育成期和产蛋期日粮中，搭配使用玉米蛋白粉（最高 5%）、菜籽饼粕（最高 15%）、棉籽饼粕（最高 10%）、花生粕（最高 10%）、葵花籽仁粕（最高 8%）和棕榈仁粕（最高 5%），豆粕用量可降低为 0。

六、蛋鸡不同饲养阶段低蛋白低豆粕多元化日粮推荐典型配方

蛋鸡不同饲养阶段低蛋白低豆粕多元化日粮推荐典型配方见表 3-9。

表 3-9　蛋鸡不同饲养阶段低蛋白低豆粕多元化日粮推荐典型配方　　　　（%）

项目	育雏期		育成期		产蛋期		
	0~2 周龄	>2~6 周龄	育成前期（>6~12 周龄）	育成后期（>12~16 周龄）	开产前期	产蛋高峰期	产蛋后期
玉米	50.96	56.43	50.57	57.11	50.7	44.2	55.43
小麦	15	10	19	12	12.24	12.39	6.5
高粱	—	—	—	—	2	10	3

（续表）

项目	育雏期		育成期		产蛋期		
	0~2周龄	>2~6周龄	育成前期（>6~12周龄）	育成后期（>12~16周龄）	开产前期	产蛋高峰期	产蛋后期
次粉	5	—	—	—	—	—	—
小麦麸	—	—	8	10	—	—	—
豆粕［粗蛋白（CP）43%］	17.78	17.17	—	—	15.7	12.8	8.2
花生粕	3.5	3.5	7		—	1.5	
鱼粉	3.5	—	—	—	—	—	—
芝麻粕	—	—		5	3.5		
玉米胚芽粕	—	5.8	—	—	—	—	4.5
玉米 DDGS	—	—	3.5	2.5	2.5		2.5
水解羽毛粉	—	2.5	—	—	—	—	—
肉骨粉	—	—	—	—	2.5		
菜籽粕	—	—	3.6	3.5	2.5	—	4
米糠粕	—	—	—	2.7	—	2	
玉米蛋白粉	—	—	—	3	—	2	2
棉籽粕	—	—	3.6	—	—	3	
油脂	0.13	0.75	0.78	0.25	1.16	1.28	1.08
石粉	1.18	0.98	1.48	1.4	5.48	8.8	10.77
磷酸氢钙	1.68	1.72	1.08	1.15	0.76	0.76	0.85
氯化钠	0.3	0.3	0.3	0.3	0.3	0.3	0.3
L-赖氨酸盐酸盐	0.31	0.22	0.32	0.35	0.05	0.2	0.2
DL-蛋氨酸（98%）	0.16	0.13	0.15	0.15	0.11	0.21	0.15
L-苏氨酸（98%）	—	—	0.12	0.09	—	0.06	0.02
添加剂预混合饲料	0.5	0.5	0.5	0.5	0.5	0.5	0.5
合计	100	100	100	100	100	100	100
代谢能（千卡/千克）	2 900	2 850	2 850	2 800	2 780	2 750	2 690

（续表）

项目	育雏期		育成期		产蛋期		
	0~2周龄	>2~6周龄	育成前期（>6~12周龄）	育成后期（>12~16周龄）	开产前期	产蛋高峰期	产蛋后期
粗蛋白质	19.7	18.5	15.45	14.4	16.5	15.95	13.95
钙	1	0.9	0.88	0.94	2.55	3.45	4.16
总磷	0.75	0.73	0.68	0.65	0.57	0.56	0.5
非植酸磷	0.5	0.45	0.35	0.35	0.36	0.28	0.27
总赖氨酸	1.1	0.95	0.81	0.76	0.84	0.9	0.77
总蛋+胱氨酸	0.82	0.75	0.64	0.6	0.76	0.81	0.69
总苏氨酸	0.76	0.73	0.56	0.57	0.73	0.82	0.71
总缬氨酸	0.92	0.88	0.83	0.69	0.81	0.84	0.6
总异亮氨酸	0.9	0.81	0.78	0.62	0.74	0.78	0.66
总精氨酸	1.23	1.12	1.2	0.97	0.81	0.98	0.97
总色氨酸	0.23	0.22	0.2	0.19	0.22	0.21	0.17
SID 赖氨酸	1	0.92	0.68	0.65	0.71	0.76	0.63
SID 蛋+胱氨酸	0.76	0.7	0.55	0.52	0.64	0.68	0.57
SID 苏氨酸	0.72	0.66	0.5	0.48	0.62	0.69	0.6
SID 缬氨酸	0.79	0.73	0.69	0.56	0.67	0.69	0.55
SID 异亮氨酸	0.78	0.7	0.66	0.5	0.64	0.66	0.56
SID 精氨酸	1.18	1.05	1.1	0.89	0.72	0.86	0.91
SID 色氨酸	0.2	0.18	0.18	0.17	0.19	0.18	0.14

注：1. "—"表示未使用；SID 指标准回肠可消化氨基酸，计算依据可参照 Evonik Industries Anim-oDat 5.0（2016）等相关资料。

2. 非植酸磷与全消化道标准可消化磷等价。

第四章　雏鸡高效养殖技术

第一节　雏鸡对环境条件的要求

在育雏阶段的环境条件中，需要满足雏鸡对温度、相对湿度、通风换气、密度、光照和环境卫生等条件的需要。

一、温度

温度是培育雏鸡的首要环境条件，温度控制得好坏直接影响育雏效果。观察温度是否适宜，除看温度计外（注意：温度计要挂在鸡活动区域里，高度与鸡头水平），主要看雏鸡的表现。当雏鸡在笼内（或地面、网上）均匀分布，活动正常，采食、饮水适中时，则表示温度适宜；当雏鸡远离热源，两翅张开，卧地不起，张口喘气，采食减少，饮水增加，则表示温度高，应设法降温；当雏鸡紧靠热源，扎堆挤压，吱吱叫，则为温度低，应加温。进入6周龄，开始训练脱温，以便转群后雏鸡能够适应育成舍的温度，当发现鸡群体质较差，体重不足时，应适当推迟脱温的时间。

近年来养鸡场（户）广泛采用高温育雏。所谓高温育雏，就是在1~2周龄采用比常规育雏温度高2℃左右的给温规定。即第1周龄33~34℃，第2周龄30~32℃（常规育雏温度：第1周30~32℃，第3周29~30℃）。实践证明，高温育雏能有效地控制雏鸡白痢病的发生，对提高雏鸡成活率效果明显。

二、相对湿度

育雏要有合适的温湿度相结合，雏鸡才会感觉舒适，发育正常。一般育雏舍的相对湿度是：1~10日龄为60%~70%，10日龄以后为50%~60%。随着雏鸡日龄增长，至10日龄以后，呼吸量与排粪量也相应增加，室内容易潮湿，因此要注意通风，勤换垫料，经常保持室内干燥清洁。

三、通风换气

通风换气的目的是排出室内污浊的空气，换进新鲜的空气，并调整室内的温度和湿度。

通风换气方法如下。选择晴暖无风的中午开窗换气或安装排风扇进行通风。空气的新鲜程度以人进入舍内感觉较舒适，即不刺眼、不呛鼻、无过分臭味为宜。值得注意的是，不少鸡场为了保持育雏舍温度而忽略通风。结果是雏鸡体弱多病，死亡数增多，更有严重的是有的鸡场将取暖煤炉盖打开，企图达到提高室温的目的，结果造成煤气中毒事故，为了既保持室温，又有新鲜空气，可先提高室温，然后进行通风换气，但切忌过堂风、间隙风，以免雏鸡受寒感冒。

四、密度

饲养密度是指育雏舍内每平方米所容纳的雏鸡数。密度对于雏鸡的正常生长和发育有很大影响。密度过大，生长则慢，发育不整齐，易感染疾病和发生恶癖，死亡数也增加。因此要根据鸡舍的构造、通风条件、饲养方式等具体情况而灵活掌握。育雏期不同育雏方式雏鸡饲养密度不同，笼养育雏时的密度可参考表4-1。

表4-1　笼养育雏参考饲养密度　　　　　　　　　　（只/米²）

阶段	0~2周龄	3~9周龄	10周龄至淘汰
饲养密度	40~50	20~25	18~20

五、光照

光照对雏鸡的生长发育是非常重要的，1~3日龄每天可光照23小时，有助于雏鸡饮水和寻食。一种光照方法是4~5日龄每天光照改为20小时，6~7日龄每天光照15~16小时。以后每周把光照递减20分钟，直到20周龄时每天只有9小时光照。这是一种渐减光照制度；另一种光照方法是采用固定不变的形式，即从4日龄至20周龄每天固定8~9小时光照。光的颜色以红色或白炽光照为好，能防止和减少啄羽、啄肛、殴斗等恶癖发生。

1周龄的小鸡要求光照强度适当强一点，每平方米3.5~4瓦。1周以后光照强度以弱些为宜。一般可用 15 瓦或 25 瓦灯泡，按灯高 2 米，灯与灯的间距为 3 米来计算。

六、环境卫生

雏鸡体小，抗病力差，饲养密集，一旦感染疾病，难以控制，并且传染快、死亡高、损失大。因此，育雏中必须贯彻预防为主的方针。在实行严格消毒，经常保持环境卫生的同时，还要按时做好各种疫苗的防疫注射工作，制定定时防疫和消毒制度，并认真贯彻执行。对于育雏室、用具、饲槽等要实行全面清扫消毒，彻底消灭一切病菌。这些都是保持雏鸡健康的重要措施。

第二节　雏鸡入舍前的准备工作

进雏前通常是指育雏开始前 14 天。进鸡前首要工作就是制定工作计划和对全部员工，尤其是饲养员进行全面技术培训，对养殖流程、操作细节、规范化的日常工作等进行培训；使饲养员熟悉设备操作和养殖流程。

一、制定育雏和引种计划

根据本场的具体条件制定育雏计划，每批进雏数应与育雏舍、成鸡舍的容量大体一致。一般是育雏舍和成鸡舍比例为 1∶2。

商品代雏鸡应来自通过市级以上畜牧主管部门验收并持有《种畜禽生产经营许可证》的父母代种鸡场或专业孵化场。

雏鸡不应带鸡白痢、鸡脑脊髓炎、禽白血病和霉形体等经蛋垂直传播的传染性疾病。

不应从禽流感、鸡马立克氏病、新城疫等烈性传染病的疫区购买雏鸡。

二、设施设备检修

为了进雏后各项设备都能正常工作，减少设备故障的发生率，进雏前第五天开始对舍内所有设备重新进行一次检修，主要如下。

1. 供暖设备、烟囱、烟道

要求把供暖设备清理干净，检查运转情况，保证正常供暖；烟囱、烟道接口完好，密封性好，无漏烟、漏气现象。

2. 供水系统

主要检查压力罐、盛药器、水线、过滤器。要求压力罐压力正常，供水良好；水线管道清洁，水流通畅；过滤网过滤性能完好；水线上调节高度的转手能灵活使用，水线悬挂牢固、高度合适、接口完好、管腔干净，乳头不堵、不滴、不漏。

3. 检查供料系统

料线完好，便于调整高度，打料正常，料盘完好，无漏料现象。

4. 通风系统

风机、电机、传送带完好，转动良好，噪声小；风机百叶完整，开启良好；电路接口良好，线路良好，无安全隐患。

5. 清粪系统

刮粪机电机、链条、牵引绳子、刮粪板完好、结实，运转正常，刮粪机出口挡板关闭良好。

6. 供电系统

照明灯干净明亮、开关完好。其他供电设备完好，正常工作。

7. 鸡舍

门窗密封性好，开启良好，无漏风现象，并在入舍门口悬挂好棉门帘。

三、育雏方式的选择

育雏的方式可概括分为平面和立体两大类。

（一）平面育雏

只在室内一个平面上养育雏鸡的方式，称为平面育雏。主要分为地面平养和网上育雏。

1. 地面平养

采用垫料，将料槽（或开食盘）和饮水器置于垫料上，用保温伞或暖风机送热或生炉子供热，雏鸡在地面上采食、饮水、活动和休息。

地面平养简单直观，管理方便，特别适宜农户饲养。但因雏鸡长期与粪便接触，容易感染某些经消化道传播的疾病，特别易暴发球虫病。地面平养占地面积大，房舍利用不经济，供热中消耗能量大，选择准备垫料工作量大。所以农户都趋于采用网上平养。

2. 网上育雏

即是用网面代替地面来育雏。一般情况网面距地面高度随房舍高度而定，多为60~100厘米。网的材料最好是铁丝网，也可是塑料网。网眼大小以育成鸡在网上生活适宜为宜，网眼面积一般1.25厘米×1.25厘米。

网上育雏的优点是可节省大量垫料；雏鸡不与粪便接触，可减少疾病传播的机会。但同时由于鸡不与地面接触，也无法从土壤中获得需要的微量元素，所以提供给鸡的营养要全价足量，不然易产生某种营养缺乏症。由于网上平育的饲养密度要比地面平育增加10%~15%，故应注意舍内的通风换气，以便及时排出舍内的有害气体和多余的湿热，加热方式用热水管或热风，也可用前面所述各种热源。

（二）立体育雏

立体育雏也称笼育雏，就是用多层育雏笼或多层育雏育成笼养育雏鸡。育雏笼一般为3~5层，多采用叠层式。随着饲养方式的规模化、集约化，现代养鸡场一般都采用立体育雏。每层笼子四周用铁丝、竹竿或木条制成栅栏。饲槽和饮水器可排列在栅栏外，雏鸡通过栅栏吃食、饮水，笼底多用铁丝网或竹条，鸡粪可由空隙掉到下面的承粪板上，定期清除。育雏室的供温一般采取整体供暖。

立体育雏除具备网上育雏的优点和缺点外，还能更有效地利用育雏室的空间，增加育雏数量，充分利用热源，降低劳动强度，容易接近和观察鸡群，可有效控制鸡白痢与球虫病的发生与蔓延。当然立体育雏需较高的投资，对饲料和管理技术要求也更高。

四、全场消毒

在养鸡生产中，进雏前消毒工作的彻底与否，关系到鸡只能否健康生长发育，所以广大养殖场（户）进雏前应彻底做好消毒工作。

1. 清扫

进雏前7~14天，将鸡舍内粪便及杂物清除干净，清扫天棚、墙壁、地面、塑料网等处。

2. 水冲

用高压喷枪对鸡舍内部及设施进行彻底冲洗。同时，将鸡舍内所有饲养设备如开食盘、料桶、饮水器等用具都用清水洗干净，再用消毒水浸泡半小时，然后用清水冲洗2~3次，放在鸡舍适当位置风干备用。

3. 消毒

待鸡舍风干后，可用2%~3%的火碱溶液对鸡舍进行喷雾消毒。消毒液的喷洒次序应该由上而下，先房顶、天花板，后墙壁、固定设施，最后是地面，不能漏掉被遮挡的部位，喷洒不留空白。注意消毒药液要按规定浓度配制。鸡舍角落及物体背面，消毒药液喷洒量至少是每平方米3毫升。消毒后，最好空舍2~3周。

墙壁可用20%石灰乳+2%的火碱粉刷消毒。对鸡舍的墙壁、地面、笼具等不怕燃烧的物品，对残存的羽毛、皮屑和粪便，可用酒精喷灯进行火焰消毒。如果采用地面平养，应该在地面风干后铺上7~10厘米厚的垫料。

4. 熏蒸

在进雏前3~4天对鸡舍、饲养设备、鸡舍用具以及垫料进行熏蒸消毒。具体消毒方法是将鸡舍密封好，在鸡舍中央位置，依据鸡舍长度放置若干瓷盆，同时注意盆周围不可堆积垫料，以防失火。对于新鸡舍，可按每立方米空间用高锰酸钾14克、甲醛28毫升的药量；对污染严重的鸡舍，用量加倍。将以上药物准确称量后，先将高锰酸钾放入盆内，再加等量的清水，用木棒搅拌湿润，然后小心地将甲醛倒入盆内，操作人员迅速撤离鸡舍，关严门窗。熏蒸24小时以后打开门窗、天窗、排气孔，将舍内气味排净。注意消毒时要使鸡舍温度达到20℃以上、相对湿度达到70%左右，这样才能取得较好的消毒效果。在秋冬季节气温寒冷时，在消毒前，应先将鸡舍加温、增湿，再进行消毒。消毒过的鸡舍应将门窗关闭。

五、鸡舍内部准备

（一）铺设垫料，安装水槽、料槽

至少在雏鸡进场一周前在育雏地面上铺设5~7厘米厚的新鲜垫料，以隔离雏鸡和地板，防止雏鸡直接接触地板而造成体温下降。作为鸡舍垫料，应具有良好的吸水性、疏松性，干净卫生，不含霉菌和昆虫（如甲壳虫等），不能混杂有易伤鸡的杂物，如玻璃片、钉子、刀片、铁丝等。

网上育雏时，为防止鸡爪伸入网眼造成损伤，要在网床上铺设育雏垫纸、报纸或干净并已消毒的饲料袋。

装运垫料的饲料袋子，可能进过许多鸡场，有很大的潜在传染性，不能掉以轻心，绝对不能进入生产区内。

（二）正确设置育雏围栏（隔栏）

鸡的隔栏饲养法有很多好处，主要表现如下。

①一旦鸡群状况不好，便于诊断和分群单独用药，减少用药应激。

②有利于控制鸡群过大的活动量。

③鸡铺隔栏可便于观察区域性鸡群是否有异常现象，利于淘汰残、弱雏。

④当有大的应激出现时（如噪声、喷雾等），可减少由应激所造成的不必要损失。

⑤接种疫苗时，小区域隔栏可防止人为造成鸡雏扎堆、热死、压死等现象发生。

⑥做隔栏的原料可用尼龙网或废弃塑料网。高度为 30~50 厘米（与边网同高），每 500~600 只鸡设一个隔栏。

⑦可避免鸡的大面积扎堆、压死鸡现象的发生，减少损失。

若使用电热式育雏伞，围栏直径应为 3~4 米；若使用红外线燃气育雏伞，围栏直径应为 5~6 米。用硬卡纸板或金属制成的坚固围栏可较好地保护雏鸡不受贼风侵袭，使雏鸡围护在保温伞、饲喂器和饮水器的区域内。

（三）鸡舍的预温

雏鸡入舍前，必须提前预温，把鸡舍温度升高到合适的水平，对雏鸡早期的成活率至关重要。提前预温还有利于排出残余的甲醛气体和潮气。育雏舍地表温度可用红外线测温仪测定。

一般情况下，建议冬季育雏时，鸡舍至少提前 3 天（72 小时）预温；而夏季育雏时，鸡舍至少提前一天（24 小时）预温。若同时使用保温伞育雏，则建议至少在雏鸡到场前 24 小时开启保温伞，并使雏鸡到场时，伞下垫料温度达到 29~31℃。

使用足够的育雏垫纸或直接使用报纸或薄垫料隔离雏鸡与地板，有利于鸡舍地面、墙壁、垫料等在雏鸡到达前有足够的时间吸收热量，也可以保护雏鸡的脚，防止脚陷入网格而受伤。

六、饮水的清洁与预温

保证雏鸡的饮水清洁至关重要。检查饮水加氯系统，确保饮水加氯消毒，开放式饮水系统应保持 3 毫克/升的水平，封闭式系统在系统末端的饮水器处应达到 1 毫克/升的水平。因为育雏舍已经预温，温度较高，因此，在雏鸡到达的前一天，将整个水线中已经注满的水更换掉，以便雏鸡到场时，水温可达到 25℃，而且保证新鲜。

七、具体工作日程

（一）进雏前 14 天

舍内设备尽量在舍内清洗；清理雏鸡舍内的粪便、羽毛等杂物；用高压枪冲洗鸡舍、网架、储料设备等。冲洗原则为：由上到下，由内到外；清理育雏舍周围的杂物、杂草等；并对进风口、鸡舍周围地面用 2% 火碱溶液喷洒消毒；鸡舍冲洗、晾干后，修复网架等养鸡设备；检查供温、供电、饮水系统是否正常。

初步清洗整理结束后，对鸡舍、网架、储料设备等消毒一遍，消毒剂可选用季铵盐、碘制剂、氯制剂等，为达到更彻底的消毒效果，可对地面等进行火焰喷射消毒。如果上一批雏鸡发生过某种传染病，需间隔 30 天以上方可进雏，且在消毒时需要加大消毒剂剂量；计算好育雏舍所能承受的饲养能力；注意灭鼠、防鸟。

（二）进雏前 7 天

将消毒彻底的饮水器、料盘、粪板、灯伞、小喂料车、塑料网等放入鸡舍；关闭门窗，用报纸密封进风口、排风口等，然后用甲醛熏蒸消毒；进雏前 3 天打开鸡舍，移出熏蒸器具，然后用次氯酸钠溶液消毒一遍；鸡舍周围铺撒生石灰并洒水，起到环境消毒的作用；调试灯光，可采用 60 瓦白炽灯或 13 瓦节能灯，高度距离鸡背部 50~60 厘米为宜。

准备好雏鸡专用料（开口料）、疫苗、药物（如支原净、恩诺沙星等）、葡萄糖粉、电解质多维等；检查供水、照明、喂料设备，确保设备运转正常；禁止闲杂人员及没有消毒过的器具进入鸡舍，等待雏鸡到来。

采购的疫苗要在冰箱中保存（按照疫苗瓶上的说明保存）。

（三）进雏前 1 天

进雏前 1 天，饲养人员再次检查育雏所用物品是否齐全，比如消毒器械、消毒药、营养药物及日常预防用药、生产记录本等；检查育雏舍温度、湿度能否达到基本要求，春、夏、秋季提前 1 天预温，冬季提前 3 天预温，雏鸡所在的位置能够达到 35℃；鸡舍地面洒适量的水，或舍内喷雾，保持合适的湿度。

鸡舍门口设消毒池（盆），进入鸡舍要洗手、脚踏消毒池（盆）；地面平养蛋鸡，铺好垫料。

第三节　0~42日龄雏鸡的饲养管理

0~42日龄称为育雏期，是培育优质蛋鸡的初始和关键阶段，需要通过细致、科学的饲养管理，培育出符合品种生长发育特征的健壮合格鸡群，为以后蛋鸡阶段生产性能的充分发挥打下良好基础。

一、饲养管理的总体目标

①鸡群健康，无疾病发生，育雏期末存活率在99%以上。

②体重周周达标，均匀度在85%以上，体型发育良好。

③育雏期末，新城疫抗体效价均值达到6log2，禽流感H5抗体效价5log2、H9抗体效价6log2，抗体离散度2~4，法氏囊阳性率达到100%。

二、饲养管理关键点

（一）饮水管理

饮水管理的目标是：保证饮水充足、清洁卫生。

1. 初饮

雏鸡到达后要先饮水后开食。初饮最好选择18~20℃的温开水。初饮时要仔细观察鸡群，对没有喝到水的雏鸡进行调教。

雏鸡卵黄囊内各种营养物质齐全（包括水），能保证雏鸡3天内正常生命活动需要，所以不要担心雏鸡在运输途中脱水，在最初1~2天的饮水中添加电解质、维生素或所谓开口药是多此一举，也是没有必要的。除非雏鸡出雏超过72小时或在运输途中超过48小时，且又长时间处在临界热应激温度中，在接雏后的第2遍饮水中，可添加一些多维、电解质，每次饮水2小时为限，每天一次，2天即可，如果雏鸡已开食，就不需要了。

2. 饮水工具

前3~4天使用真空饮水器，然后逐渐过渡到乳头饮水器。要及时调整饮水管高度，一般3~4天上调一次，保证雏鸡饮水方便。

3. 饮水卫生

使用真空饮水器时每天清洗1次，饮水管应半个月冲洗消毒1次。建议建立饮水系统清洗、消毒记录。

(二) 喂料管理

喂料管理的总体要求是：营养、卫生、安全、充足、均匀。

1. 饲料营养

开食时选择营养全面、容易消化吸收的饲料，建议前 10 天饲喂幼雏颗粒料，11~42 天饲喂雏鸡开食料。

2. 雏鸡开食

开食时饲喂强化颗粒料，每次每只鸡喂 1 克料，每 2~3 小时喂一次，将料潮拌后均匀地撒到料盘上。第 4 天开始使用料槽，使用料槽后应注意：及时调整调料板的高度，方便雏鸡采食；每天饲喂 2~4 次，至少匀料 3~4 次，保证每只鸡摄入足够的饲料，开灯时需匀一遍料，喂料不均匀易造成个别鸡发育不好。

3. 饲料储存

饲料要储存在干燥、通风良好处，定期对储料间进行清理，防止饲料发霉、污染和浪费。

4. 监测和记录

监测和记录鸡群的日采食量（雏鸡的采食量可参考表 4-2），详细了解鸡群的采食情况。

表 4-2 蛋用型雏鸡饲料需要量

周龄	每天每只料量/克	每周每只料量/克	累计料量/千克
1	10	70	0.07
2	18	126	0.19
3	26	182	0.38
4	33	231	0.60
5	40	280	0.88
6	47	329	1.21
7	52	364	1.58
8	57	399	1.98
9	61	427	2.40

（续表）

周龄	每天每只料量/克	每周每只料量/克	累计料量/千克
10	64	448	2.58
11	66	462	3.31
12	67	469	3.78
13	68	476	4.26
14	69	483	4.74
15	70	490	5.23
16	71	497	5.73
17	72	504	6.23
18	73	511	6.75
19	75	525	7.27
20	77	539	7.81

（三）光照管理

科学正确的光照管理，能促进后备鸡骨骼发育，适时达到性成熟。对于初生雏，光照主要影响其对饲料的摄取和休息。雏鸡光照的原则是：让雏鸡快速适应环境、避免产生啄癖。

出壳头 3 天雏鸡的视力弱，为了保证采食和饮水，一般采用每昼夜 24 小时光照，也可每昼夜 23 小时连续光照，1 小时黑暗的办法，以便使雏鸡能适应万一停电时的黑暗环境。第 1 周光照强度应控制在 20 勒克斯以上，可以使用 60 瓦白炽灯。从第 4 天起光照时间每天减少 1 小时。为防止啄癖发生，2~3 周龄后光照强度要逐渐过渡到 5 勒克斯（5 瓦节能灯）。

（四）温度管理

适宜的温度是保证雏鸡健康和成活的首要条件。育雏期温度不平稳或者出现冷应激，会降低鸡群的免疫力，进而诱发感染多种疾病，造成死淘率增高或进入产蛋期后难以实现鸡群产蛋高峰。因此育雏期温度是否稳定是雏鸡群健康的基础，育雏阶段做好鸡群的温度控制对于预防疾病的发生具有非常重要的意义。

1. 鸡舍温度控制

温度设定应符合鸡群生长发育需要，通过鸡舍通风和供暖设备的控制，实现对鸡舍温度的调控，保证温度的适宜、稳定和均匀。

（1）鸡舍温度符合雏鸡生理需求　雏鸡所需的适宜温度随着日龄的增加而逐渐降低，育雏前3天温度为35~37℃，以后每周下降2℃，最终稳定在22~25℃。第1周龄适宜的湿度为55%~65%；第2周龄适宜的湿度为50%~65%；第3周龄以后保持55%左右（表4-3）。

表4-3　推荐育雏期舍内适宜的温湿度标准

饲养阶段/日龄	温度/℃	相对湿度/%
1~3	35~37	50~65
4~7	33~35	50~65
8~14	31~33	50~65
15~21	29~31	50~55
22~28	27~29	40~55
29~35	25~27	40~66
36~42	23~25	40~55

育雏鸡舍温度设置程序可参考表4-4。

表4-4　推荐温度设置程序　　　　　　　　　　　（℃）

日龄	目标	加热	冷却
1~3	38	37.5	38.5
4~7	34.5	34	35
8~14	32.5	32	33
15~21	30.5	30	31
22~28	28.5	28	29
29~35	26.5	26	27
36~42	25	24.5	25.5

（2）不同育雏法的温度管理

①温差育雏法。就是采用育雏伞作为育雏区域的热源进行育雏。前3天，在育雏伞下保持35℃，此时育雏伞边缘约有30~31℃，而育雏舍其他区域只需要有25~27℃即可。这样，雏鸡可根据自己的需要，在不同温层下进进出出，有利于刺激其羽毛的生长，将来脱温后雏鸡将很强壮并且很好养。

随着雏鸡的长大，育雏伞边缘的温度应每 3~4 天降 1℃左右，直到 3 周龄后，基本降到与育雏舍其他区域的温度相同（22~23℃）即可。此后，可以停止使用育雏伞。

雏鸡的行为和鸣叫声将表明鸡只舒适的程度。如果育雏期内雏鸡过于喧闹，说明鸡只不舒服。最常见的原因是温度不太适宜。

育雏伞下温度是否合适，可通过观察雏鸡的分布情况来判断。

雏鸡受冷应激时，雏鸡会堆挤在育雏伞下，如育雏伞下温度太低，雏鸡就会堆挤在墙边或鸡舍支柱周围，雏鸡也会乱挤在饲料盘内，肠道和盲肠内物质呈水状和气态，排泄的粪便较稀且出现糊肛现象。育雏前几天，雏鸡因育雏温度不够而受凉，会导致死亡率升高、生长速率降低（体重最低要超过 20%）、均匀度差、应激大、脱水以及较易发生腹水症的后果。

雏鸡受热应激时，雏鸡会俯卧在地上并伸出头颈张嘴喘气。雏鸡会寻求舍内较凉爽、贼风较大的地方，特别是远离热源、沿墙边的地方。雏鸡会拥挤在饮水器周围，使全身湿透。饮水量会增加。嗉囊和肠道会由于过多的水分而膨胀。脱水可导致死亡率高，出现矮小综合征和鸡群均匀度差；饲料消耗量降低，导致生长速率和均匀度差；最严重的情况下，由于心血管衰竭（猝死症）的死亡率较高。

②整舍取暖育雏法。与温差育雏法（也叫局域加热育雏法）不同的是，整舍取暖育雏法采用锅炉作为热源，在舍内通过暖气片（或热风机）散热供暖；或者采用热风炉作为热源供暖。因此，整舍取暖育雏法也叫中央供暖育雏法。

由于不使用育雏伞，鸡舍内不同区域没有明显的温差，所以利用雏鸡的行为作温度指示有点困难。这样雏鸡的叫声就成了雏鸡不适的仅有指标。只要给予机会，雏鸡愿意集合在温度最适合其需要的地方。在观察雏鸡的行为时要特别小心。雏鸡可能集中在鸡舍内的某个地方，显示出成堆集中的现象，但别以为这就是因为鸡舍内温度过低的缘故，有时候，这也可能是因为鸡舍其他地方太热了。一般来说，如果雏鸡均匀分散，就表明温度比较理想。

在采用整舍取暖育雏时，前 3 天，在育雏区内，雏鸡高度的温度应保持在 29~31℃。温度计（或感应计）应放在离地面 6~8 厘米的位置，这样才能真实反映雏鸡所能感受的真实温度。以后，随着雏鸡的长大，在雏鸡高度的温度应每 3~4 天降 1℃左右，直到 3 周龄后，基本降到 21~22℃即可。

以上两种育雏法的育雏温度可参考表 4-5 执行。

表4-5 不同育雏法育雏温度参考值

整舍取暖育雏法		温差育雏法		
日龄	鸡舍温度/℃	日龄	育雏伞边缘温度/℃	鸡舍温度/℃
1	29	1	30	25
3	28	3	29	24
6	27	6	28	23
9	26	9	27	23
12	25	12	26	23
15	24	15	25	22
18	23	18	24	22
21	22	21	23	22

（3）看鸡施温 "看鸡施温"对于育雏来说非常重要。由于鸡群饲养密度、鸡舍结构、鸡群日龄不同和外界气候复杂多变，一个程序并不能适合每批鸡，不能适合每个饲养阶段，需要根据鸡群的实际感受及时调整。尤其在外界天气突然变化和免疫接种后，雏鸡往往会有所反应，作为饲养人员应仔细观察鸡群变化。

2. 保证源头上稳定

（1）进鸡顺序 上述温度标准以日龄最小栋为主，进鸡顺序为按照距离锅炉房由远到近的顺序进行。

（2）制定供暖设备温度管理程序 要制定切合实际的供暖设备温度管理程序（表4-6）。供暖的稳定性直接影响鸡舍温度的稳定，最好采用自动控温锅炉或者加热器，降低人为因素造成的温度波动，而且可以很大程度上降低人员劳动强度。

表4-6 推荐供暖设备温度管理程序

进鸡时间	锅炉回水温度/℃	一天内温差
第1周	55~50	
第2周	55~52	
第3周	52~49	锅炉回水温度一天变化≤5℃，鸡舍一天变化≤1℃
第4周	49~46	
第5周	46~43	
第6周	43~40	

3. 保证空间上均匀

通过对各组暖气、通风方式的调控，以及对鸡舍漏风部位的管理，实现鸡舍不同位置温度的均匀一致。标准是鸡舍各面、上下温度在 0.5℃之内，前后温差在 1℃之内。每栋鸡舍悬挂 8 块以上温度计，每天记录各部位温度值，出现温差超过标准时及时反馈和调整；并且在每次调整暖气、风机、进风口后关注各点温度变化。

常见的温度不均匀的原因见表 4-7。

表 4-7　温度不均匀的原因分析

内容	原因分析
前面温度低	门板缝隙漏风；操作间漏风；前面窗户开得多
前面温度高	暖气开得多；前面窗户开得多
后面温度低	风机开得时间长；窗户开得大；后面窗户开得多；后面粪沟、后门、风机漏风
后面温度高	风机开得时间短；窗户开的小；后门窗关得多
上下温差大	暖气开得少；风吹不到中间
各面温度不均	暖气开启不合理；通风不均

（1）漏风部位及时补救，确保鸡舍密闭性　在进鸡前对鸡舍粪沟的插板进行修补，粪沟外安装帘子；对门板缝隙较大的地方用胶条密封，鸡舍的前门、后门悬挂门帘，以此来阻挡贼风；对于暂不使用的风机，入口处用泡沫板密封。通过以上措施达到既可保温、又可阻挡贼风的目的。

（2）进鸡之前，对各栋风机的转速进行测定　检查风机的皮带是否松弛；对各鸡舍的风机转速进行实际测定，因为由于风机设备的老化、磨损，各栋的风机转速是稍有差异的，也会导致各鸡舍的温度不一致。

（3）进鸡前，对侧墙的进风口进行维修　目的是将冷空气喷射到鸡舍中央天花板附近，充分与舍内的热空气混合均匀后吹向鸡群。可在进鸡之前，把各栋小窗松动的加以固定；调整小窗导流板的角度，确保每个小窗的开启大小一致。

上述两项在鸡舍整理的过程中容易被忽略。小窗的松动会导致进风口风向的改变，喷射不到鸡舍中央天花板，再加之小窗导流板的角度不一致，导致凉风吹过中央天花板直接落到对面，冷风直接吹向鸡群，容易受到冷应激。

（4）校对舍内温度计，使其显示的温度准确　实际生产管理中，广大生产管理者往往忽略上述事项。而正是温度计不能准确地显示温度，造成管理者判断上的失误，对鸡群健康造成危害。

在规模化育雏场，采用供暖设备集中供暖，通过控制锅炉温度实现鸡舍温度稳定，是实现雏鸡前期健康的一个好的方法。在进雏前，为供暖设备制定一个温度程序，对风机转速、鸡舍密闭性、窗户开启大小、导流板角度进行全面检查，及时维修，确保育雏温度适宜、均匀和稳定，为雏鸡群健康打好基础。

（五）湿度管理

湿度是创造舒适环境的另一个重要因素，适宜的湿度和雏鸡体重增长密切相关。湿度管理的目标是：前期防止雏鸡脱水；后期防止呼吸道疾病。舍内湿度合适时，人感到湿热、不口燥，雏鸡胫趾润泽细嫩，活动后无过多灰尘。

雏鸡进入育雏舍后，必须保持适当的相对湿度，最少55%。不同的相对湿度下需达到相对应的温度（表4-8）。寒冷季节，当需要额外的加热，假如有必要，可以安装加热喷头，或者在走道泼洒些水，效果较好；当湿度过高时，可使用风机通风。

表4-8 在不同的相对湿度下达到标准温度所对应的干球温度

日龄/天	目标温度/℃	相对湿度（范围）/%	不同相对湿度下（理想）的温度/℃			
			50%	60%	70%	80%
0	29	65~70	33	30.5	28.6	27
3	28	65~70	32	29.5	27.6	26
6	27	65~70	31	28.5	26.6	25
9	26	65~70	29.7	27.5	25.6	24
12	25	60~70	27.2	25	23.8	22.5
15	24	60~70	26.2	24	22.5	21
18	23	60~70	25	23	21.5	20
21	22	60~70	24	22	20.5	19

（六）通风管理

风速适宜、稳定，换气均匀。保证鸡舍内充足的氧气含量；排热、排湿气；减少舍内灰尘和有害气体的蓄积。

①0~4周龄，以保温为主、通风为辅，确保鸡群正常换气；5周龄以后以通风为主，保温为辅。以鸡群需求换气量为基础，做好进气口和排风口的

匹配。

②育雏前期，采用间歇式排风，安排在白天气温较高时进行，通风前要先提高舍温 1~2℃。

③进风口要添加导流装置，使进入鸡舍的冷空气充分预温后均匀吹向鸡群；要杜绝漏风，防止贼风；检查风速，前 4 周风速不能超过 0.15 米/秒，否则容易造成雏鸡发病。

（七）体重管理

育雏期要求体重周周达标，均匀度达到 80%，变异系数在 0.8 以内。

育雏期各阶段鸡的体重和均匀度是衡量鸡群生长发育好坏的重要指标，应重点做好雏鸡体重测量工作。

1. 称测时间

从第 1 周龄开始称重，每周称重 1 次，每次称测时间应固定，在上午鸡群空腹时进行。

2. 选点

每次称测点应固定，称测时每层每列的鸡笼都应涉及，料线始末的个体均应称重。

3. 措施

体重称测后，如果出现发育迟缓、个体间差异较大等问题，应立即查找原因，制定管理对策使其恢复成正常鸡群。对不同体重的鸡群采用不同的饲喂计划，促进鸡群整体均匀发育。

（八）断喙

导致啄癖的原因有很多，如日粮不平衡、饲养密度过大、温度过高、通风不良、光照强、断水或缺料等，除克服以上问题外，目前防止啄癖普遍采用的主要措施就是断喙。断喙既可防止啄癖，又节约饲料，促进雏鸡的生长发育。一般进行两次断喙，在 6~9 日龄进行第一次断喙，此时断喙对雏鸡的应激小，若雏鸡状况不太好时可以往后推迟。断喙时，将上喙断去 1/2~2/3（指鼻孔到喙尖的距离），下喙断去 1/3，呈上短下长状。具体方法：待断喙器的刀片烧至褐红色，用食指扣住喉咙，上下喙同时断，断烙的时间为 1~2 秒；若发现个别鸡断喙后出血，应再行烧烙。

第二次断喙在青年鸡转入鸡笼时进行，对第一次断喙时个别不成功的鸡再修整一次。断喙后料槽应多添饲料，以免雏鸡吸食到槽底，创口疼痛，为避免出血，可在每千克饲料中添加 2 毫克维生素 K。

在给雏鸡断喙时应注意：鸡群受到应激时不要断喙，如刚接种过疫苗的鸡群等，待恢复正常时才能进行；在用磺胺类药物时不要断喙，否则易引起流血不止；在断喙前后一天饲料中可适当添加维生素 K（4 毫克/千克）有利于凝血；断喙后 2~3 天内，料槽内饲料要加的满些，以利雏鸡采食，减少碰撞槽底，断喙后要供应充足的清凉饮水，加强饲养管理；断喙时应注意不能断得过长或将舌尖断去，以免影响雏鸡采食。

（九）日常管理

1. 检查雏鸡的健康情况

①经常检查饲槽、水槽（饮水器）的采食饮水位置是否够用，规格是否需要更换，并通过喂料的机会，观察雏鸡对给料的反应、采食的速度、争抢的程度、饮水的情况，以了解雏鸡的健康情况。一般雏鸡减食或不食有以下几种情况：饲料质量下降，饲料品种或喂料方法突然更换；饲料发霉变质或有异味；育雏温度经常波动，饮水供给不足或饲料中长期缺少砂粒等；鸡群发生疾病等。

②经常观察雏鸡的精神状态，及时剔除鸡群中的病、弱雏，病、弱雏常表现出离群、闭眼呆立、羽毛蓬松不洁、翅膀下垂、呼吸有声等。经常检查鸡群中有无恶癖，如啄羽、啄肛、啄趾及其他异嗜等现象，检查有无瘫鸡、软脚等，以便及时判断日粮中营养是否平衡。

③每天早晨要注意观察雏鸡粪便的颜色和形状是否正常，以便于判定鸡群是否健康或饲料的质量是否发生问题。雏鸡正常的粪便应该是：刚出壳尚未采食的幼雏排出的胎粪为白色和深绿色稀薄液体，采食以后便呈圆柱形、条状、颜色为棕绿色，粪便的表面有白色的尿酸盐沉着，有时早晨单独排出盲肠内的粪便呈黄棕色糊状，这也属于正常粪便。

病理状态的粪便可能有以下几种情况：肠炎腹泻，排出黄白色、黄绿色附有黏液、血液等的恶臭粪便（多见于新城疫、霍乱、伤寒等急性传染病时）；尿酸盐成分增加，排出白色糊状或石灰浆样的稀粪（多见于雏鸡白痢、传染性法氏囊等）；肠炎、出血、排出棕红色、褐色稀便，甚至血便（多见于球虫病）等。

④采用立体笼育的要经常检查有无跑鸡、别翅、卡脖、卡脚等现象。要经常清洁饲料槽，每天冲洗饮水器，垫料勤换勤晒，保持舍内清洁卫生。保持空气新鲜，无刺激性气味。

2. 适时分群

由于雏鸡出壳有迟有早，体质有强有弱，开食有好有坏以及疾病等的影响，使雏鸡生长有快有慢、参差不齐，必须及时将弱小的雏鸡分群管理，使其生长一致，提高成活率。按时接种疫苗，检查免疫效果。

3. 定期称重

①各育种公司都制定了自己商品鸡的标准体重（表4-9），如果雏鸡在培育过程中，各周都能按标准体重增长，就可能获得较理想的生产成绩。

表4-9　商品蛋鸡标准体重与日采食量

周龄	周末体重/克	日采食量/克
1	75	12
2	125	18
3	195	24
4	275	32
5	365	42
6	450	44

②测重和记录体重增长情况与采食量的变化，是饲养管理好坏及鸡群是否健康的一个反映。每日必须记录采食量，每一、二周必须抽测一次雏鸡的体重。一般在周末的下午两点或在空腹时称重，可将鸡群围上100~200只或抽测鸡群的3%~5%，逐只称重，这样可以随时掌握鸡群的情况（表4-10）。

表4-10　海兰褐壳蛋鸡育雏期给料量与体重指标　　　　　　　　（克）

周龄	日耗量	累计	体重
1	13	91	55
2	20	231	105
3	25	406	170
4	29	609	260
5	33	840	360
6	37	1 099	480

③雏鸡由于长途运输、环境控制不适宜、各种疫苗的免疫、断喙、营养水平不足等因素的干扰，一般在育雏初期较难达到标准体重。除了尽可能地减轻各种因素的干扰，减少雏鸡的应激外，必要时可提高雏鸡料的营养水平，而在雏鸡体重没达到标准之前，即使过了6周龄，也应使用营养水平较高的育雏

鸡料。

雏鸡喂料的标准，不同品种、饲料营养不同而不同，如果饲料营养水平稍低或是在冬季，雏鸡的日采食量应该稍大一些。

将抽样的雏鸡逐只称重，取其平均数与标准体重对比，若相差太大，应及时查明原因，采取措施，保证雏鸡正常生长发育。

4. 及时转群

一些鸡场在鸡群满42日龄后，需要转入育成鸡舍。炎热季节最好在清晨或傍晚进行，冬季可在晴天中午进行。

（1）转群的方法

①准备好育成舍。鸡舍和设备必须进行彻底的清扫、冲洗和消毒，在熏蒸后密闭3~5天再使用。

②调整饲料和饮水。转群前后2~3天内增加多种维生素1~2倍或饮电解质溶液；转群前6小时应停料；转群后，根据体重和骨骼发育情况逐渐更换饲料。

③清理和选择鸡群。将不整齐的鸡群，根据生长发育程度分群分饲，淘汰体重过轻、有病、有残的鸡只，彻底清点鸡数，并适当调整密度。

（2）转群时注意的问题

①鸡舍除应该提前做好清洗消毒外，还需注意温度，特别是在秋季、冬季和开春时节，必须将舍温升到与当时育雏舍相当的程度，不得低于育雏舍4℃以上，否则可能会引发呼吸道病和其他疾病。

②转群可以用转群笼或用手提双腿转移，用手提时一次不可太多，每只手里不应超过5只，动作一定要轻缓，不可粗暴。

③为减少应激，夏季应在清晨开始转群，中午前结束；冬季应在较温暖的午后进行，避开雨雪天和大风天。

④为避免刚转群的鸡互啄打架，转群后的2天内，应使舍内光照弱些，时间稍短些，待相互熟悉后再恢复正常光照。

⑤转群后进入一个陌生的环境，面对不熟悉的伙伴，对鸡来说是个很大的应激，采食量的下降也需2~3天才能恢复。如果鸡群状况不太好时，不要同时进行免疫断喙以免加重鸡的应激。

⑥转群后第一天的饲喂量降低为原喂量的70%，待鸡情绪稳定后，再逐渐增加饲喂量，这样可以减少鸡群因转群引起的应激，减少病死鸡。

三、育雏成绩的判断标准

1. 育成率的高低是个重要指标

良好的鸡群应该有95%以上的育雏成活率，但它只表示了死淘率的高低，不能体现培育出的雏鸡质量如何。

2. 检查平均体重是否达到标准体重，能大致地反映鸡群的生长情况

良好的鸡群平均体重应基本上按标准体重增长，但平均体重接近标准的鸡群中也可能有部分鸡体重小，而又有部分鸡超标。

3. 检查鸡群的均匀度

鸡群的均匀度是检查育雏好坏的最重要的指标之一。如果鸡群的均匀度低则必须追查原因，尽快采取措施。鸡群在发育过程中，各周的均匀度是变动的，当发现均匀度比上一周差时，过去一周的饲养过程中一定有某种或某些因素产生了不良的影响，及时发现问题，可避免造成大的损失。

4. 耗料量

每只鸡要求耗料量在1.8千克±10%。

以上这四项指标也可以作为生产指标应用于管理之中，若超标则奖，低标则罚。这种生产指标承包式管理可以激发全体员工工作的积极性和创造性。

四、育雏失败的原因

(一) 第一周死亡率高

1. 细菌感染

大多是由种鸡垂直传播，或种蛋保管过程及孵化过程中卫生管理上的失误引起的。为避免这种情况造成较大损失，可在进雏后正确投服开口药。

2. 环境因素

第1周的雏鸡对环境的适应能力较低，温度过低鸡群扎堆，部分雏鸡被挤压窒息死亡，某段时间在温度控制上的失误，雏鸡也会腹泻得病。因此，要加强环境控制。

(二) 体重落后于标准

1. 应激因素太多，所以难以完全按标准体重增长。

2. 体重落后于标准太多时应多方面追查原因

①饲料营养水平太低。

②环境管理失宜。育雏温度过高或过低都会影响采食量，活动正常的情况下，温度稍低些，雏鸡的食欲好，采食量大。舍温过低，采食量会下降，并能引发疾病。通风换气不良，舍内缺氧时，鸡群采食量下降，从而影响增重。

③鸡群密度过大。鸡群内秩序混乱，生活不安定，情绪紧张，长期生活在应激状态下，影响生长速度。

④照明时间不足，雏鸡采食时间不足。

3. 雏鸡发育不齐

①饲养密度过大，生活环境恶化。

②饮食位置不足。群体内部竞争过于激烈，使部分鸡体质下降，增长落后于全群。

③疾病的影响。感染了由种鸡带来的白痢、支原体等病或在孵化过程被细菌污染的雏鸡，即使不发病，增重也会落后。

4. 饲养环境控制失误

如局部地区温度过低，部分雏鸡睡眠时受凉或通风换气不良等因素，产生严重应激，生长会落后于全群。

5. 断喙失误

部分雏鸡喙留得过短，严重影响采食导致增重受阻，所以断喙最好由技术熟练的工人操作。

6. 饲料营养不良

饲料中某种营养素缺乏或某种成分过多，造成营养不平衡，由于鸡个体间的承受能力不同，增长速度会产生差别。即使是营养很全面的饲料，如果不能使鸡群中的每个鸡都同时采食，那么先采食的鸡会抢食大粒的玉米、豆粕等，后采食的鸡只能吃剩下的粉面状饲料，由于粉状部分能量含量低、矿物质含量高，营养很不平衡，自然严重影响增重，使体重小的鸡越来越落后。

7. 未能及时分群

如能及时挑出体重小、体质弱的鸡，放在竞争较缓、更舒适的环境中培养，也能逐步赶上大群的体重。

五、雏鸡死淘率高的原因与对策

雏鸡死淘率高，关键是饲养管理存在疏漏。开始几周的死淘率特征可以清晰地反映出饲养管理的质量。前3天的死淘率与1日龄雏鸡的质量高度相关。3天以后的死淘率就取决于饲养管理水平。小鸡的泄殖腔周围羽毛肮脏，说明曾经遭受应激。这个问题在本饲养周期无法补救。对这批鸡，应尽量减少应激造成的损失，并争取在下一批鸡的饲养过程中进行针对性的改进。

分析每日死淘率高的原因，可提示以下管理不良信号。

（一）育雏设备简陋，温度掌握不好

"育雏如育婴"，保温是关键。鸡胚在孵化期间的环境温度高达38℃，刚出壳的雏鸡由于身体弱小，绒毛稀短，体温调节机能还不健全，如果环境温度骤然猛降，雏鸡就会因缺乏御寒能力而感冒、拉稀，甚至挤堆压死。

（二）饲料单一，营养不足

育雏时如果不使用全价饲料，营养不足，不能满足雏鸡生长发育需要，雏鸡生长缓慢，体质弱，易患营养缺乏症及白痢、气管炎、球虫等各种病而导致死淘率过高。

（三）不注重疾病防治

防疫不及时，漏免，防治工作做不好，容易造成雏鸡患病死亡。

（四）1日龄雏鸡质量太差

谈到质量必然涉及标准，据了解，目前我国尚未制定雏鸡的国家标准或行业标准，要控制和检验雏鸡质量，就必须有看得见摸得着的标准。可设立如下标准。

1. 体重

由于雏鸡品系的不同，雏鸡初生重（出雏器检出后2~3小时内称重）会有不同要求。

2. 均匀度85%以上

即随机抽取若干雏鸡（每批不少于100只），逐只称重，计算平均值，用体重在平均值±10%范围内的总只数除以总抽样数，乘以100%，得到均匀度。

3. 感官

雏鸡羽毛颜色、体型符合本品种特征，绒毛清洁、干燥，精神活泼、反应灵敏，肢体、器官无缺陷，无大肚、黑脐、糊肛。叫声清脆，握雏鸡有较强的挣脱力。

4. 微生物检查

同一种鸡来源的雏鸡，每周各取10只健雏、10只弱雏和10只死胚，无菌采取卵黄，分别接种在普通培养基和麦康凯培养基，在任意一个培养基中只要发现细菌，就说明这只鸡被感染。感染率标准为（感染只数/取样总只数）：

健雏 0%，弱雏≤20%，死胚≤30% 为合格。

5. 母源抗体

均匀并达到一定水平的母源抗体，每周对来源一个种鸡场的雏鸡检测一次。其母源抗体水平应达到要求。其中新城疫抗体效价：8log2～10log2，禽流感 H9 抗体效价：8log2～9log2、禽流感 H5 抗体效价：7log2～8log2。

6. 鸡白痢

父母代种鸡场鸡白痢阳性率小于 0.2%。

7. 死亡率

雏鸡到达养殖户，排除运输原因和饲养管理不当、中毒、突发疫病、饲料等因素，1 周内死亡率控制在 1% 以下。

第五章　蛋鸡育成期的饲养与管理

7~20周龄是蛋鸡的育成期。虽然98天的育成期仅仅是母鸡寿命的1/5，甚至不到1/5。但育成期是母鸡一生很重要的阶段，所有内脏器官的发育，如心脏、肺脏、肾脏等，都要在这段时间内完成。任何在育成期犯下的错误都不能在今后的产蛋期进行改正和调整，并将严重影响产蛋性能，如应激会造成发育迟缓，并对之后的产蛋期产生不良影响。

育成期管理目标是：鸡群健康，体重和均匀度周周达标，体成熟和性成熟同步，适时开产；管理重点是：合理地控制好体成熟和性成熟。

好的准备工作始于制定一个完善的育成期工作程序，甚至在鸡尚未入舍前就应该制定好。首先要确定的问题是：是否要母鸡早开产，产蛋量多，但蛋重较小；还是推迟一些开产，但蛋重较大。控制母鸡体重是达到不同目标的重要手段。另外，季节性也是必须考虑的重要因素。在顺季开始育成期的母鸡比逆季开始育成期的母鸡开产早些，即使是遮光的人工控制光照鸡舍，也是同样的结果。

第一节　蛋鸡育成期的生理特点与管理的一般要求

一、蛋鸡育成期的生理特点与管理要求

1. 具有健全的体温调节能力和较强的生活能力，对外界环境适应能力和疾病抵抗能力明显增强

要做好季节变化和转群两个关键时期的鸡群管理，防止鸡群发生呼吸道病、大肠杆菌病等环境条件性疾病。

2. 消化能力强，生长迅速，是肌肉和骨骼发育的重要阶段

整个育成期体重增幅最大，但增重速度不如雏鸡快。

3. 育成后期鸡的生殖系统发育成熟

在光照管理和营养供应上要注意这一特点，顺利完成由育成期到产蛋期的过渡。

二、优质育成母鸡的质量标准要求

优质母鸡的育成期，要求未发生或蔓延烈性传染病，体质健壮，体型紧凑似"V"字形，精神活泼，食欲正常，体重和骨骼发育符合品种要求且均匀一致，胸骨平直而坚实，脂肪沉积少而肌肉发达，适时达到性成熟，初产蛋重较大，能迅速达到产蛋高峰且持久性好。20周龄时，高产鸡群的育成率应能达到96%。

三、做好向育成期的过渡

由育雏到育成阶段，饲养管理上有一系列变化，这些变化要逐步进行，避免突然改变。

（一）脱温

3周龄的雏鸡体温调节机能已相当发达，气候暖和的季节，育雏室可由取暖过渡到不取暖称为脱温。急剧的温度变化对雏鸡是一种打击，要求降温缓慢，故需4~6天的降温过程。脱温要求稳妥，使雏鸡慢慢习惯于室温后才能完全给温。最初，暖和的中午停止给温，而夜间仍给温，以后逐渐改变为夜间也停止给温。脱温还应考虑季节性，早春育雏，往往已到脱温周龄，但室外气温还比较低，而且昼夜温差也较大，就应延长给温时间，一般情况下，昼夜温度如果达到18℃以上，就可脱温。脱温后遇到降温天气，仍应给温，待天气转好后，再次脱温，并要观察夜间鸡群状态，减少意外事故的发生。

（二）换料

各阶段鸡对饲料中营养物质的需要不同，以及各地养鸡受饲料条件的限制，为了节省饲料和促进生长，需要多次换料。换料越及时，经济效益越高。但更换饲料对雏鸡来说是环境的变化，易造成生长紊乱，轻者食欲降低，严重者引起雏鸡发育受阻，因此，换料要有一个逐步过渡阶段，不可突然全换，使雏鸡对新的刺激有一个适应过程。一般可采用5天换料法。

不管采取哪种换料方法，均应本着逐渐更换的原则，另外，两种饲料要混合均匀，使雏鸡感受不到饲料的改变。

（三）转群

有条件的鸡场，可转入专门的育成鸡舍，也可在育雏舍内分散密度，改变环境，度过育成期。一些小型鸡场，将雏鸡由网上笼养改为育成阶段的地面散养，为的是加强育成鸡的运动，这就有一个下笼过程，开始接触地面，雏鸡不太习惯，有害怕表现，容易引起密集拥挤，应防止扎堆压死，并应供应采食和饮水的良好条件，下笼后，应仔细观察鸡群，同时在饲料中加入抗球虫药，严防球虫病的发生。

改为地面散养后，鸡舍内应设栖架，栖架可用木棍或竹竿制作。从育成阶段就应训练雏鸡夜间上架休息，以减轻地面潮湿对鸡的不良影响，有利于骨骼的发育，避免龙骨弯曲。

大中型鸡场，转群是一项很大的工作，搞不好影响鸡的生长发育。可改在夜间进行，因黑暗条件下，鸡较安静，不致引起惊群，抓鸡省时省力。

四、育成鸡舍与环境控制

（一）育成鸡舍与设备

育成鸡舍为饲养7~20周龄的育成鸡用。现代鸡种以体重划分育雏期和育成期，一般要在6~8周龄体重达到标准要求后才转入育成鸡舍。为了减少转群，使鸡产生应激和充分利用房舍，很多鸡场都采用育雏、育成在同一鸡舍进行。

育成鸡舍要求条件比育雏鸡舍低，不需要供温设备，但舍内仍要布置照明电路。房屋高度3米左右，跨度7~10米，长度50~100米。育成鸡舍也可作蛋鸡舍或种鸡舍用。若平面饲养可隔成小间，地面铺上垫料即可养鸡。笼养可不隔成小间。

育成设备可根据饲养方式而定。

1. 平养

地面铺上清洁干燥的垫料。料槽或料桶、饮水器均匀分布在舍内。鸡吃料和饮水的距离以不超过3米为宜。平养密度：垫料平养10~14只/米^2，网上平养18~20只/米^2。平均所需饲槽长度为5~7厘米/只。

2. 笼养

育雏育成笼是指雏鸡从初生室育成结束使用同一种鸡笼，但是随鸡龄增大调整鸡群密度和随时调高饲槽、水槽位置，保证鸡群能吃到料和饮到水。笼养育雏期饲养密度为 20~30 只/米^2，饲槽位置 5~10 厘米/只，水槽长度 2.5~5 厘米/只。

育成笼也有采用定型三层笼的。育成笼与蛋鸡笼相似，只是笼底是平的，底网为 2 厘米条栅间隙。每笼饲养育成鸡 3~4 只，每组笼饲养育成鸡 90~120 只，采用饲槽喂料和长流水或乳头饮水。

育成舍内育成笼的安排可按三排鸡笼四个走道或两排鸡笼三个走道布局，每排鸡笼宽 2 米，走道宽 0.7 米。

育成舍要求通风良好，地面干燥，可以多开窗户。为减少转群引起的应激，一般中雏和大雏鸡均在同一鸡舍，中雏鸡每笼 4 只，大雏鸡（12 周龄以内的鸡）每笼减少为 3 只，养至转群到产蛋鸡舍。

（二）育成鸡的环境控制

育成鸡的健康成长与生长发育以及性成熟等无不受外界环境条件的影响，特别是现代养禽生产，在全舍饲、高密度条件下，环境问题变得更为突出。

1. 密度

为使育成鸡发育良好，整齐一致，须保持适中的饲养密度，密度大小除与周龄和饲养方式有关外，还应随品种、季节、通风条件等而调整。饲养密度见表 5-1。

表 5-1　育成鸡的饲养密度　　　　　　　　　　　　　　（只/米^2）

日龄	地面平养	网上平养	半网栅平养	立体笼养
6~18	15	20	18	26
9~15	10	14	12	18
16~20	7	12	9	14

注：笼养所涉及的面积是指笼底面积。

2. 光照

在饲料营养平衡的条件下，光照对育成鸡的性成熟起着重要作用。

育成期应遵循的光照原则是光照时间要短或渐减，切不能延长，光照强度不能增加。具体光照方案（制度）因鸡舍的不同、育雏季节的不同而有差异。对密闭式鸡舍（全部采用人工光照），1~3 日龄光照 23~24 小时/天，以后逐渐减少，2~19 周龄光照 8~9 小时/天。

3. 通风

鸡舍空气应保持新鲜，使有害气体减至最低量，以保证鸡群的健康。随着季节的变换与育成鸡的生长，通风量也要随之改变（表5-2）。

此外，要保持鸡舍清洁与安静，坚持适时带鸡消毒。

表5-2　育成鸡的通风量（1 000 只鸡）

周龄	平均体重/克	最大换气量/（米³/分钟）	最小换气量/（米³/分钟）
8	610	79	18
10	725	94	23
12	855	111	26
14	975	127	29
16	1 100	143	33
18	1 230	156	36
20	1 340	174	40

第二节　育成蛋鸡的营养需要与限制饲喂

针对育成鸡的生理特点，育雏鸡饲养管理的关键是促进体成熟的进程，保障育成鸡健壮的体质；控制性成熟的速度，避免性早熟；合理饲喂，防止脂肪过早沉积而导致鸡只过肥。

一、育成鸡的饲养方式

育成鸡的饲养方式有多种，常见下列两种方式。

(一) 三段式饲养

三段式饲养生产区内有育雏、育成、产蛋三种鸡舍。育成鸡舍安排在育雏和产蛋鸡舍之间，按照转群的顺序，便于操作。设计完善的鸡场，将三种鸡舍分区建设，留有一定的距离，并注意与饲料库、生活区有恰当的距离。在布局时可划分成小区，以保证后备鸡和商品鸡使用。育成鸡舍应有自己的沐浴、更衣、入口消毒等设施。雏鸡从6~8周龄由雏鸡舍转入育成鸡舍，一直饲养到性成熟再转入产蛋鸡舍。

(二) 两段式饲养

两段式饲养是将来的趋势，即1日龄雏鸡在后备鸡舍内一直养到17周龄，再转入产蛋鸡舍。

育成鸡的饲养方式有平养、笼养和网养等多种。

（1）地面平养　指地面全铺垫料（稻草、麦秸、锯末、干沙等），料槽和饮水器均匀地布置在舍内，各料槽、水槽相距在 3 米以内，使鸡有充分采食和饮水的机会。这种方式饲养育成鸡较为落后，稍有条件和经验的养鸡者已不再采用这种方式。

（2）栅养或网养　指育成鸡养在距地面 60 厘米左右高的木（竹）条栅或金属网上，粪便经栅条之间的间隙或网眼直接落于地面，有利于舍内卫生和定期清粪。栅上或网上养鸡，其温度较地面低，应适当地提高舍温，防止鸡相互拥挤、打堆，同时注意分群，准备充足的料槽、水槽（或饮水器）。

栅上或网上养鸡，取材方便，成本较低，应用广泛。

（3）栅地结合饲养　以舍内面积 1/3 左右为地面，2/3 左右为栅栏（或平网）。这种方式有利于舍内卫生和鸡的活动，也提高了舍内面积的利用，增加鸡的饲养只数。这种方式应用不是很普遍。

（4）笼养　指育成鸡养在分层笼内，专用的育成鸡笼的规格与幼雏笼相似，只是笼体高些，底网眼大些。

分层育成鸡笼一般为 2~3 层，每层养鸡 10~35 只。这种方式应提倡发展。

笼养育成鸡与平养相比，由于鸡运动量减少，开产时体重稍大，母鸡体脂肪含量稍高，故对育成鸡应采取限制饲养，定期称重，测量胫长，以了解其生长发育和饲养是否合适，以便及时调整。

二、蛋鸡育成期日粮主要营养成分指标与日粮配制

蛋鸡育成期日粮主要营养成分指标和低蛋白、低豆粕、多元化日粮配制见第三章第三节。

三、限制饲喂

限制饲喂就是有意识控制饲料供给，并限制饲料的能量和蛋白质水平，以防止育成阶段体重过大，成熟过早，成年后产蛋量减少的一种饲喂方法。

（一）限制饲喂的意义

限饲目的是控制生长发育速度，保持鸡群体重的正常增长；延迟性成熟，提高进入产蛋期后的生产性能；节省饲料，降低饲养成本；降低产蛋期间的死亡率。

（二）限制饲养的方法

分为限量饲喂、限时饲喂和限质饲喂。

1. 限量饲喂

限制饲喂量为正常采食量的 80%~90%。

2. 限时饲喂

分隔日饲喂和每周限饲两种。

（1）隔日限制饲喂　就是把两天的饲喂量集中在一天喂完。

（2）每周限制饲喂　即每周停喂 1 天或 2 天。

3. 限质饲喂

如低能量、低蛋白和低赖氨酸日粮都会延迟性成熟。

限饲对象、时间等见表 5-3，常用的限制饲养方法见表 5-4。

表 5-3　育成鸡的限制饲喂

项目	方法与要求
限饲对象	体重高于标准体重的育成鸡、分群后体重超过标准体重的大鸡及体重偏重的中型品种鸡，在育成阶段采取限制饲养
限饲时间	一般从 8~10 周龄开始，直到 17~18 周龄结束
限饲方法	蛋鸡常用的是限量法和限质法，具体方法见表 5-4

表 5-4　蛋鸡常用限制饲养的方法

名称	具体方法	备注
限量法	日喂料量按自由采食的 90% 喂给	日喂料量减少 10% 左右，但必须保证每周增重不低于标准体重。若达不到标准体重，易导致产蛋期产蛋量减少，死亡率增加
限质法	日粮能量水平降低至 9.2 兆焦/千克，粗蛋白质降至 10%~11%，同时提高日粮中粗纤维的含量，使之达到 7%~8%	配制日粮时，适当限制某种营养成分的添加量，造成日粮营养成分的不足。例如，低能量日粮、低蛋白质日粮或低赖氨酸日粮等，减少鸡只脂肪沉积。该方法管理容易，无须断喙和称重，但鸡的体重难以控制

（三）限制饲喂的注意事项

限饲方式可根据季节和品种进行调整，如炎热季节由于能量消耗较少，可采用每天限饲法，矮小型蛋鸡的限饲时间一般不超过 4 周。

限饲前，必须对鸡群进行选择分群，将病鸡和弱鸡挑选出来；限饲期间，必须有充足的料槽、水槽。若有预防接种、疾病等应激发生，则停止限饲。若应激为某些管理操作所引起，则应在进行该操作前后各2~3天给予鸡只自由采食。采用限量法限饲时，要保证鸡只饲喂营养平衡的全价日粮。定期抽测称重，一般每隔1~2周随机抽取鸡群的1%~5%进行空腹称重，通过抽样称重监测限饲效果。若超过标准体重的1%，下周则减料1%；反之，则增料1%。

第三节　蛋鸡育成期的管理重点

一、体重和均匀度管理

体重是鸡群发挥良好生产性能的基础，能够客观反映鸡群发育水平；均匀度是建立在体重发育基础上的又一指标，反映了鸡群的整体质量。如果鸡群性成熟时体重达标整齐、骨骼发育良好，则鸡群开产整齐，产蛋高峰值高，产蛋高峰期维持时间长。

（一）体重管理

1. 体重和体型达标的重要性

蛋鸡生产性能的高低与其体型发育和体重直接相关，其中体型标准作为第一限制因素，体重作为第二限制因素，生产中则以胫长和体重作为具体指标。

胫长达标而体重偏轻的鸡群，产蛋早期蛋重小，产蛋率上升缓慢，胫长不达标而体重超标的鸡群会出现早产蛋或发生严重脱肛等现象，死淘率高；如果胫长和体重都不达标，就意味着育雏育成失败，开产时间延长，少则开产推迟1~2周，多则推迟3~4周，产蛋高峰达不到标准。

在生产中超重现象，很少发生，主要表现体重不达标，较平均体重低20%以上的鸡群，其产蛋率较体重中等的低10%，蛋重差2克，因脱肛死亡明显增高。

故在育雏和育成阶段，努力使鸡群的胫长和体重达标，同时提高鸡群整齐度，尽可能地提高鸡群内体重中等个体比例，缩小群内个体差异，为将来母鸡高产奠定基础。

2. 中型蛋鸡建议胫长标准（表5-5）

表 5-5　中型蛋鸡建议胫长标准

周龄	胫长/毫米	占成熟时比例/%
4	53	50
8	80	76
12	98	94
16	105	100

3. 胫长的测量方法

从跗关节顶部到脚爪底部的垂直距离。单位毫米。

4. 蛋鸡体重与胫长的衡量标准

衡量体重和胫长的优劣分别用体重均匀度和胫长均匀度来表示。一般要求，体重均匀度应大于80%，胫长均匀度应大于90%。

体重均匀度：鸡只实测体重值在平均体重±10%范围内所占的百分比。

胫长均匀：胫长的实测值在平均值±5%以内所占的百分数。

5. 确保体重达标的管理措施

①确保环境稳定、适宜，特别在转群前后和季节转换时期要密切关注。

②及时分群，确保饲养密度适宜，不拥挤。

③控制饲料质量，确保营养全价、均衡。

④由雏鸡舍转育成鸡舍后，如果鸡只体重不达标，可增加饲喂量和匀料次数；仍然不达标时，可推迟更换育成期料，但最晚不超过9周龄。

（二）均匀度管理

每周均匀度达到85%以上。

提高鸡群均匀度的管理措施如下。

①做好免疫与鸡群饲养管理，确保鸡群健康，保持鸡只的正常生长发育。

②喂料均匀，保证每只鸡获得均衡、一致的营养。

③采取分群管理。将6周龄末的鸡群根据体重大小分为三组：超重组（超过标准体重10%）、标准组、低标组（低于标准体重10%）。对低标组的鸡群在饲料中可增加多维或添加0.5%的植物油脂，对超标组的鸡群限制饲喂。

二、换料管理

1. 换料种类及时间

7~8 周龄将雏鸡料换成育成鸡料，16~17 周龄将育成鸡料换成产蛋前期饲料。

2. 换料注意事项

换料时间以体重为参考标准。在 6 周龄、16 周龄末称量鸡只体重，达标后更换饲料，如果体重不达标，可推迟换料时间，但不应晚于 9 周龄末和 17 周龄末。

注意过渡换料，换料至少有 1 周的过渡时间。参照以下程序执行：第 1~2 天，2/3 的本阶段饲料+1/3 待更换饲料；第 3~4 天，1/2 本阶段饲料+1/2 待更换饲料；第 5~7 天，1/3 本阶段饲料+2/3 待更换饲料。

三、光照管理

1. 光照对性成熟的影响

光照是控制蛋鸡性成熟的主要方式，前 8 周龄光照时间和强度对鸡只的性成熟影响较小，8 周龄以后影响较大，尤其是 13~18 周龄的育成后期，鸡体的生殖系统包括输卵管、卵巢等进入快速发育期，会因光照的渐增或渐减而影响性成熟的提早或延迟，因此好的饲养管理，配合正确的光照程序，才能得到最佳的产蛋结果。

2. 育成期光照管理基本原则

①育成期光照时间不能延长，建议实施 8~10 小时的恒定光照程序。
②进入产蛋前期（一般 17 周龄）增加光照后，光照时间不能缩短。

3. 光照程序

（1）能利用自然光照的开放鸡舍　对于从 4 月至 8 月间引进的雏鸡，由于育成后期的日照时间是逐渐缩短的，可以直接利用自然光照，育成期不必再加人工光照。

对于 9 月中旬至来年 3 月引进的雏鸡，由于育成后期光照时间逐渐延长，需要利用自然光照加人工光照的方法来防止其过早开产。具体方法有两种。

一是光照时数保持稳定法。即查出该鸡群在 20 周龄时的自然日照时数，如是 14 小时，则从育雏开始就采用自然光照加人工补充光照的方法，一直保持每日光照 14 小时，直至 20 周龄，再按产蛋期的要求，逐渐延长光照时间。

二是光照时间逐渐缩短法。先查出鸡群 20 周龄时的日照时数，将此数再加上 4 小时，作为育雏开始时的光照时间。如 20 周龄时日照时数为 13.5 小时，则加上 4 小时后为 17.5 小时，在 4 周龄内保持这个光照时间不变，从 4 周龄开始每周减少 15 分钟的光照时间，到 20 周龄时的光照时间正好是日照时间，20 周龄后再按产蛋期的要求，逐渐增加光照时间。

（2）密闭式鸡舍　密闭鸡舍不透光，完全是利用人工光照来控制照明时间，光照的程序就比较简单。一般一周龄为 22~23 小时的光照，之后逐渐减少，至 6~8 周龄时降低到每天 10 小时左右，从 18 周龄开始再按产蛋期的要求增加光照时间。

对育成末期的光照原则：鸡群达到开产体重时，方可增加光照时间，不能过早加光；过早则极易导致产蛋率低、高峰维持时间短、蛋重小；如褐壳罗曼蛋鸡只有体重达到 1 400 克时，方可增加光照而刺激鸡群开产。如果达到开产日龄而体重却不达标，也不能加光，而要等到体重达标时方可加光。

四、温度管理

①育成期将温度控制在 18~22℃，每天温差不超过 2℃。

②夏季高温季节，提高鸡舍内风速，通过风冷效应降低鸡群体感温度；推荐安装水帘降温系统，将温度控制在 30℃ 以内，防止高温影响鸡群生长，尤其是在密度逐渐增大的育成后期。

③冬季为了保证鸡只的正常生长和舍内良好的通风换气，舍内温度要控制在 13~18℃，最低不低于 13℃；如果有条件可以安装供暖装置，将舍温控制在 18℃ 左右，确保温度适宜和良好换气。

④在春、秋季节转换时期，要防止季节变化导致的鸡舍温差剧烈变化或风速过大引起的冷应激。春季要预防刮大风和倒春寒天气；秋季要提前做好舍内降温工作，以利于鸡只适应外界气温的变化。

五、疫病控制

1. 免疫管理

蛋鸡育成期的免疫接种较多，要根据当地的流行病制定免疫程序，选择质量过关的疫苗和适宜的接种方法。免疫时要减少鸡群的应激，免疫后注意观察鸡群情况并在免疫后 7~14 天检测抗体滴度，确保保护率达标，一般新城疫抗体血凝平板凝集试验不低于7，禽流感 H5 株、H4 株不低于6，H9 株不低于7，各种抗体的离散度均在 4 以内。

2. 消毒

消毒时要内外环境兼顾，舍内消毒每天一次，舍外消毒每天两次，消毒前注意环境的清扫以保证消毒效果。消毒药严格按照配比浓度配制并定期更换消毒药。

3. 鸡群巡视及治疗

每天要认真观察鸡群，发现病弱鸡及时隔离，并尽快查找原因，决定是否进行全群治疗，避免疾病在鸡群中蔓延。选药时，要用敏感性强、高效、低毒、经济的药物。

六、防止推迟开产

实际生产中，5—7月培育的雏鸡容易出现开产推迟的现象，主要原因是雏鸡在夏季期间采食量不足，体重落后标准，在培育过程可采取以下措施。

①育雏期间夜间适当开灯补饲，使鸡的体重接近于标准。

②在体重没有达到标准之前持续用营养水平较高的育雏料。

③适当地提高育成后期饲料的营养水平，使育成鸡 16 周后的体重略高于标准。

④在 18 周龄之前开始增加光照时间。

七、日常管理

①鸡群的日常观察。发现鸡群在精神、采食、饮水、粪便等有异常时，要及时请有关人员处理。

②经常淘汰残次鸡、病鸡。

③经常检查设备运行情况，保持照明设备的清洁。

④每周或隔周抽样称量鸡只体重，由此分析饲养管理方法是否得当，并及时改进。

⑤制定合理的免疫计划和程序，进行防疫、消毒、投药工作，培育前期尤其要重视法氏囊病的预防。法氏囊病的发生不仅影响鸡的生长发育，而且会造成鸡的免疫力降低，对其他疫苗的免疫应答能力下降，如新城疫、马立克氏病等。切实做好鸡白痢、球虫病、呼吸道病等疾病的预防以减少由于疾病造成的体重不达标和大小不均匀。

⑥补喂砂砾。为了提高育成鸡只的消化机能及饲料利用率，有必要给育成鸡添喂砂砾，砂砾可以拌料饲喂，也可以单独放入砂砾槽饲喂。砂砾的喂量和规格可以参考表5-6。育成鸡的饲养管理可简单总结为表5-7。

表5-6 砂砾喂量及规格

周龄	砂砾数量/［千克/（千只·周）］	砂砾规格/毫米
4~8	4	3
8~12	8	4~5
12~20	11	6~7

表5-7 育成鸡的饲养管理要点

周龄	日龄/天	饲养密度/（只/米²）	平均每只每天耗料量/克		平均每只周末体重/克		管理要点	防疫措施
			轻型母雏	中型母雏	轻型母雏	中型母雏		
7	43~49	14	39.0	45.4	490	670	做好饲料更换工作，淘汰病、弱、小、残母雏	鸡疫苗免疫接种
8	50~56	14	40.8	47.6	580	790		
9	57~63	8	40.8	49.9	660	870	开始控制体重，减小饲养密度	地面平养鸡要驱蛔虫，每千克体重0.25克驱蛔灵，拌入饲料中服用
10	64~69	8	45.4	52.2	740	970	如果6~10日龄未断喙可在10~12周龄进行	2月龄后可用新城疫Ⅰ系苗注射免疫
11	70~77	8	49.9	54.4	810	1 050	强化饲养管理工作，观察鸡群、粪便的变化情况，预防球虫病的发生	养鸡数量多者可用Ⅵ系苗饮水或气雾免疫
12	78~84	8	49.9	56.7	880	1 130		
13	85~91	8	54.4	59.0	950	1 210	可以适当降低饲料营养成分	
14	92~98	8	54.4	61.2	1 020	1 280		

（续表）

周龄	日龄/天	饲养密度/（只/米²）	平均每只每天耗料量/克		平均每只周末体重/克		管理要点	防疫措施
			轻型母雏	中型母雏	轻型母雏	中型母雏		
15	99~105	8	59.0	63.5	1 080	1 360		
16	106~112	8	59.0	65.8	1 130	1 430	如果蛋鸡笼养，可在17~20周龄期间转群、上笼，一般夜间进行为好	4月龄后鸡只上笼时，可再用新城疫Ⅰ系苗免疫
17	113~119	8	63.5	68.0	1 180	1 500		
18	120~126	8	63.5	70.3	1220	1560	在18、19周可根据光照情况每月增加1小时。转群前对断喙不合格者再行断喙；转群时称重，测定鸡群均匀度；淘汰病、弱、小、残母雏	做好转群的预防应激工作，饲料中可添加多种维生素。鸡群数量大时，可用新城疫Ⅱ系苗饮水或气雾免疫，以后每隔三个月免疫一次
19	127~133	6	68.0	72.6	1 260	1 620		
20	134~140	6	68.0	74.8	1 290	1 680		

第六章　产蛋鸡的饲养与管理

从育成鸡转群到产蛋鸡舍的头几个星期（地面平养系统），当鸡产第一枚蛋后，要打开产蛋箱，并定期收集窝外蛋（开灯后快速收集，且每1~2个小时收集一次）。从开产到产蛋高峰，如果产蛋率或者采食量持续较低，要提供更多的高浓度营养物质（鱼粉、奶粉），增加开启料线的次数，且提供足够的光照，保证鸡每3天清空一次料槽。产蛋高峰之后，鸡重越大，蛋壳质量越差，此时需要转换饲料类型，适当降低饲料的营养浓度，增加饲料中钙质的比例（石灰石或砂砾），注意避免营养不良和啄羽。

第一节　产蛋前期的饲养管理

一、产蛋前期蛋鸡自身生理变化的特点

（一）内分泌功能的变化

18周龄前后鸡体内的促卵泡素、促黄体生成素开始大量分泌，刺激卵泡生长，使卵巢的重量和体积迅速增大。同时大、中卵泡中又分泌大量的雌激素、孕激素，刺激输卵管生长、耻骨间距扩大、肛门松弛，为产蛋做准备。

（二）法氏囊的变化

法氏囊是鸡的重要免疫器官，在育雏育成阶段在抵抗疾病方面起到很大作用。但是在接近性成熟时由于雌激素的影响而逐渐萎缩，开产后逐渐消失，其免疫作用也消失。因此，这一时段是鸡体抗体青黄不接的时候，比较容易发病。因此要加强各方面的饲养管理（主要是环境、营养与疾病预防）。

（三）内脏器官的变化

除生殖器官快速发育外，心脏、肝脏的重量也明显增加，消化器官的体积和重量增加得比较缓慢。

二、产蛋前期的管理目标

（一）管理目标

让鸡群顺利开产，并快速进入产蛋高峰期；减少各种应激，尽可能地避免意外事件的发生；储备抗病能力。

（二）管理工作的重点

1. 做好转群工作

此阶段鸡群由后备鸡舍转入产蛋鸡舍，转群是这个阶段最大的应激因素。

（1）环境过渡要平稳　鸡群在短时间能够适应环境变化，顺利进行开产前体能的储备。转群工作如果控制不好，应激过大，往往造成转群后鸡群体质下降，增重减缓，严重时甚至有条件性疾病的发生，影响产蛋水平。

转群前做好空舍消毒工作，保证空舍时间在 15 天以上，切断上下批次病原的传播。对于发生过疾病的栋舍更应彻底做好空舍、栋内原有物品、周围环境的消毒工作。转群前还要做好设备检修、人员配备、抗应激药物使用等环节的工作。

关于转群时机，由于近年来选育的结果，鸡的开产日龄提前，转群最好能在 16 周龄前进行，但注意此时体重必须达到标准。

（2）搞好环境控制　充分做好转群后蛋鸡舍与育成舍环境控制的衔接工作，认真了解鸡群在育成舍的温度、湿度、风机开启数量、进风口面积及其他环境参数，尽可能减少转群前后环境差异造成的应激。冬季应当特别注意湿度对环境的影响，湿度过大（大于 40%）造成风寒指数增高，鸡群受寒着凉，抵抗力下降，容易诱发条件性疾病。

（3）防疫、隔离卫生　产蛋前期的鸡群各项抗体水平还没有达到最高峰，由于转群、免疫等应激因素影响，鸡群抵抗力降低容易受到疾病（如新城疫、传染性支气管炎、禽流感等）的侵袭。一旦发生此类疾病，常造成开产延迟或达不到应有的产蛋水平。此阶段除做好日常饲养管理外，还要做好鸡群的各项防疫隔离措施，防止疾病的传入。

在转群前，最好接种新城疫油苗，减蛋综合征灭活苗及其他疫苗。转群后最好进行一次彻底的驱虫工作，对体表寄生虫如螨、虱等可用喷洒药物的方法。对体内寄生虫可内服丙硫咪唑 20~30 毫克/千克体重，或用阿福丁（主要成分阿维菌素）拌入料中服用。转群、接种前后在料中应加入多种维生素以减轻应激反应。

保持舍内日常卫生干净整洁，认真做好带鸡消毒工作，保持饲养人员的稳定。

2. 适时更换产前料，满足鸡的营养需要

当鸡群在17~18周龄，体重达到标准，马上更换产前料能增加体内钙的贮备和让小母鸡在产前体内贮备充足营养和体力。实践证明，根据体重和性发育，较早些时间更换产前料对将来产蛋有利，过晚使用钙料会出现瘫痪，产软壳蛋的现象。

（1）从18周龄开始给予产前料　青年鸡自身的体重、产蛋率和蛋重的增长趋势，使产蛋前期成了青年母鸡一生中机体负担最重的时期，这期间青年母鸡的采食量从75克逐渐增长到120克左右，由于种种原因，很可能造成营养的吸收不能满足机体的需要。为使小母鸡能顺利进入产蛋高峰期，并能维持较长久的高产，减少高峰期可能发生的营养上的负平衡对生产的影响，从18周龄开始应该给予较高营养水平的产前料，让小母鸡产前在体内储备充足的营养。

一般地，当鸡群产蛋达到5%时应更换产前料。过早更换产前料容易造成鸡群拉稀，过晚更换会造成鸡只营养储备不足影响产蛋。产前料使用时间不超过10天为宜，进而更换为产蛋高峰料，为高产鸡群提供充足的营养。

产前料是高峰料和育成料的过渡，放弃使用产前料，由育成料直接过渡到高峰料的做法是不科学的。

（2）从18周龄开始，增加饲料中钙的含量　小母鸡在18周龄左右，生殖系统迅速发育，在生殖激素的刺激下，骨腔中开始形成骨髓，骨髓约占性成熟小母鸡全部骨骼重量的72%，是一种供母鸡产蛋时调用的钙源。从18周龄开始，及时增加饲料中钙的含量，促进母鸡骨骼的形成，有利于母鸡顺利开产，避免在高峰期出现瘫鸡，减少笼养鸡疲劳症的发生。

（3）夏季添加油脂　对产蛋高峰期在夏季的鸡群，更应配制高能高蛋白的饲料，如有条件可在饲料中添加油脂，当气温高至35℃以上时，可添加2%的油脂；气温在30~35℃范围时，可添加1%的油脂。油脂含能量高，极易被鸡消化吸收，并可减少饲料中的粉尘，提高适口性，对于增强鸡的体质，提高产蛋率和蛋重有良好作用。

（4）检查饲料是否满足青年母鸡营养需要　检查营养上是否满足鸡的需要，不能只看产蛋率情况。青春期的小母鸡，即使采食的营养不足，也会保持其旺盛的繁殖机能，完成其繁衍后代的任务。在这种情况下，小母鸡会消耗自身的营养来维持产蛋，所以蛋重会变得比较小。因此当营养不能满足需要时，首先表现在蛋重增长缓慢，蛋重小，接着表现在体重增长迟缓或停止增长，甚至体重下降；在体重停止增长或有所下降时，就没有体力来维持长久的高产，所以紧接着产蛋率就会停止上升或开始下降。产蛋率一旦下降，即使采取补救措施也难以恢复了。

3. 创造良好的生活环境，保证营养供给

开产是小母鸡一生中的重大转折，是一个很大的应激，在这段时间内小母鸡的生殖系统迅速发育成熟，青春期的体重仍需不断增长，大致要增重400～500克，蛋重逐渐增大，产蛋率迅速上升，消耗母鸡的大部分体力。因此，必须尽可能地减少外界对鸡的进一步干扰，减轻各种应激，为鸡群提供安宁稳定的生活环境，并保证满足鸡的营养需要。

凡是体重能保持品种所需要的增长趋势的鸡群，就可能维持长久的高产，为此在转入产蛋鸡舍后，仍应掌握鸡群体重的动态，一般固定30～50只做上记号，1～2周称测一次体重。

在正常情况下，开产鸡群的产蛋率每月能上升3%～4%。

4. 光照管理

产蛋期的光照管理应与育成阶段光照具有连贯性。

饲养于开放式鸡舍，如转群处于自然光照逐渐增长的季节，且鸡群在育成期完全采用自然光照，转群时光照时数已达10小时或10小时以上，转入蛋鸡舍时不必补以人工照明，待到自然光照开始变短的时候，再加入人工照明予以补充，人工光照补充的进度是每周增加半小时，最多一小时，亦有每周只增加15分钟的，当自然光照加人工补充光照共计16小时，则不必再增加人工光照，若转群处于自然光照逐渐缩短的季节，转入蛋鸡舍时自然光照时数有10小时，甚至更长一些，但在逐渐变短，则应立即加补充人工照明，补光的进度是每周增加半小时，最多1小时，当光照总数达16小时，维持恒定即可。

产蛋鸡的光照强度：产蛋阶段对需要的光照强度比育成阶段强约1倍，应达20勒克斯。鸡获得光照强度和灯间距、悬挂高度、灯泡瓦数、有无灯罩、灯泡清洁度等因素有密切关系。

人工照明的设置，灯间距2.5～3米，灯高（距地面）1.8～2米，灯泡功率为40瓦，行与行间的灯应错开排列，这样能获得较均匀的照明效果，每周至少要擦一次灯泡。

第二节 产蛋高峰期的饲养管理

鸡群产蛋达到 80% 就进入产蛋高峰期，一般在 21~47 周龄。这个时期，大多数鸡只已经开产，当产蛋率达到 90% 后增长逐渐放缓，直到达到产蛋顶峰；产蛋率、体重、蛋重仍在增长，鸡只生理负担大，鸡群抗应激能力下降，对外界环境的变化较敏感，易发生呼吸道、大肠杆菌等条件性疾病；抗体消耗大，需要加强禽流感、新城疫等疾病的补充免疫。

产蛋高峰期管理的原则在于尽可能地让鸡维持较长的产蛋高峰，23 周龄产蛋率达 90%，产蛋尖峰值达 95%~96%，90% 以上产蛋率维持 6 个月；产蛋高峰下降慢，48 周龄以后产蛋率从 90% 逐步缓慢下降，72 周龄下降到 78%，每周平均下降 0.48 个百分点。

一、饲喂管理

1. 选择优质饲料

要选择优质饲料，确保饲料营养的全价与稳定，新鲜、充足。

2. 关注鸡只的日耗料量和每天的喂料量

鸡只日耗料量，即鸡群每天的采食量，是判断鸡群健康状况的重要数据之一。通过测定鸡只的日耗料量，可以准确掌握鸡只每天喂料的数量，满足鸡群采食和产蛋期营养需要，为产蛋高峰的维持打下基础。

监测日耗料量，可选取 1%~2% 的鸡只进行人工饲喂。每天喂料量减去次日清晨剩余料量后所得值除以鸡只数，即为鸡只日耗料量（克/天）。当前后两天日耗料量（或日耗料量与推荐标准日耗料量相比）相差 10% 时，要及时关注鸡群健康状况，采取针对性应对措施。

用鸡只日耗料量乘以鸡只饲养量，即为每天喂料量。饲喂时，要求定时定量，分批饲喂。建议每天至少饲喂 3 次，匀料 3 次。每天开灯后 3~4 小时，关灯前 2~3 小时是鸡群的采食高峰期，要确保饲料供给充足。

高温季节，鸡只采食量下降，营养摄取不足，进而影响生产性能发挥。为保证夏季鸡只采食量的达标，推荐在夜间补光 2 小时，增加鸡只采食时间和采食量。补光原则为前暗区要比后暗区长，且后暗区不得小于 2.5 小时。

二、饮水管理

(一) 注意饮水温度

开放式饲养的鸡群，一般中小型蛋鸡场的供水、供料都在运动场，小型饲养户的饮水用具也多在室外。夏季气温高时，应将饮水器放在阴凉处，水温要比气温略低，切忌太阳暴晒。按照鸡的习性，它们不喜欢饮温热的水，相比之下对温度较低的水却不拒饮。冬季天气寒冷，气温低，最好给鸡饮温水，温水鸡爱喝，也能减少体热损失，增强抗寒能力，对鸡的健康和产蛋都有利。给水温度不得低于5℃，以15℃为佳。

(二) 保证饮水卫生

饮水必须清洁卫生，被病菌或农药等污染的水不能用。鸡的饮用水是有标准的，凡人能饮用的水，鸡也可饮用。影响水质的因素有：水源、蓄水池或盛水用具、水槽或饮水用具、带菌的鸡。因此，要定期对盛水用具进行消毒。若用槽式水具，应每天擦洗，这是一项简单而又很难做好的事情；第三层水槽较高，不易擦洗，须特别注意。

(三) 适时供给饮水

鸡每天出现3次饮水高峰期，即每天早晨8时、中午12时、下午6时左右。鸡的饮水时间大都在光照时间内。早上8时左右，鸡开始接受光照；中午12时左右，是鸡产蛋的高峰时间，母鸡产完蛋后，体内消耗较多的水分，感到非常口渴要喝水；下午6时左右，光照时间即将结束，准备进入晚上开始休息，鸡要喝足水以利晚上体内备用。如果产蛋鸡在这三个需水高峰期内喝不到水或喝水不足，鸡的产蛋和健康就会很快表现出来。

(四) 适量供给饮水

通常情况下，每只鸡每天需水量及料水比为，春、秋季为200毫升左右，料水比1:8；夏季为270~280毫升，料水比1:3；冬季为100~110毫升，料水比1:0.9，应根据季节调整供水量。用干料喂鸡时，饮水量为采食量的2倍；用湿料喂鸡，供水量可少些。当产蛋率升高时，需水量也随之增加。因为这时鸡产蛋旺盛，代谢加强，不仅形成蛋需要水分，而且随着鸡食量的增大，需水量也逐渐增大。

(五) 不断水、不跑水

有的饲养员身材高度不够，就踩在第一层笼上或料槽上擦第三层水槽，会引起水槽坡度改变，使水槽有的段水深，有的段水浅，甚至跑水。所以，调整水槽坡度是饲养员经常性的任务之一。水槽中水的深度应在1.5厘米以上，低于0.5厘米时，鸡饮水就很困难，且饮水量不够。使用乳头式饮水器时，要勤检查水质、水箱压力、乳头有无堵塞不供水或关闭不经常流水。有的养鸡农户将水槽末端排水口堵塞，每天添几次水，这种供水方式容易造成断水和饮水量不足，这也是影响产蛋量的因素。

（六）处理浸湿的饲料

水槽跑水或漏水，在养鸡生产中是不可避免的。可分几种情况对待：料槽中个别段落饲料被水浸湿，数量不多时，与附近的干料拌和即可；被浸湿饲料数量多但未变质，可取出与干料拌和后投在料线上喂给；对酸败、发霉的饲料应立即取出，并对污染的饲槽段进行防霉处理。前两种处理方法，一是不浪费饲料，二是使含水量多的饲料尽可能分散让更多的鸡分担，以便不致影响干物质的采食量。

（七）做好供水记录

鸡的饮水量除与气温高低有关外，还可以作为观察鸡群是否有潜在疾病或中毒的依据。鸡在发病时，首先表现饮水量降低，食欲下降，产蛋量有变化，然后才出现症状；有的急性病例根本看不到症状。而鸡中毒后则相反，是饮水量突然增加。养鸡一定要做到心中有数，如这群鸡一天饮几桶水，吃多少料，产多少蛋，心中应该有数。

三、体重管理

处于产蛋高峰期的鸡群，每10天平均生产9~9.5枚蛋，生产性能已经发挥到极致，体质消耗极大，如果体重不能达到标准，高峰期的维持时间则相应缩短。因此，这个时期，要确保体重周周达标，以保证高峰期的维持。

每周龄末，在早晨鸡群尚未给料空腹时，定时称测1%~2%的鸡群体重；所称的鸡只，要进行定点抽样，每次称测点应固定，每列鸡群点数不少于3个，分布均匀。

当平均体重低于标准30克以上时，应及时添加营养，如1%~2%植物油脂，连续搅拌4~6天。

四、环境控制

(一) 通风管理

通风管理是饲养管理的重中之重，高峰期一般采用相对谨慎的通风方式，在设定舍内目标温度、舍内风速控制等方面需谨慎。高峰期，产蛋鸡群舍内温度要控制在 13~25℃，昼夜温差控制在 3~5℃，湿度 50%~65%，保持空气清新，风速适宜，冬季 0.1~0.2 米/秒，环境稳定。

春、秋季，鸡舍通风以维持温度的相对稳定为主。昼夜温差控制在 3~5℃；舍温随季节上升或下降时，每天温度调整幅度不超过 0.5℃。建议春初、秋末时，使用横向通风方式，其他时间使用纵向通风。

到了炎热的夏季，通风以防暑降温为主，要求舍内温度控制在 32℃ 以下，建议使用纵向通风方式。通过增大通风量，降低鸡只体感温度。有条件的养殖场 (户)，建议使用湿帘降温系统，根据不同风速产生的风冷效果，结合舍内实际温度，确定所需要的风速，然后根据所需风速确定风机启动个数。

冬季以防寒保温为主。要求舍内温度控制在 13℃ 以上，建议采用横向通风方式。在满足鸡只最小呼吸量 [计算依据：0.015 米³／(千克体重·分钟)] 的基础上，尽量减少通风量；根据计算的最小通风量，确定风机启动个数和开启时间。

(二) 光照管理

合理的光照能刺激排卵，增加产蛋量。生产中应从蛋鸡 20 周龄开始，每周增加光照时间 30 分钟，直到每天达到 16 小时为止，以后每天光照 16 小时，直到产蛋鸡淘汰前 4 周，再把光照时间逐渐增加到 17 小时，直至蛋鸡淘汰。人工补充光照，以每天早晨天亮前效果最好。补充光照时，舍内地面以每平方米 3~5 瓦为宜。灯距地面 2 米左右，最好安装灯罩聚光，灯与灯之间的距离约 3 米，以保证舍内各处得到均匀的光照。

(三) 温度管理

产蛋鸡最适宜的温度是 13~23℃，温度过高过低均不利于产蛋。要保持鸡舍有一个适宜的温度，在夏季应注意鸡舍通风，可以加大换气扇的功率，改横向通风为纵向巷道式通风，使流经鸡体的风速加大，带走鸡体产生的热量。如结合喷水洒水，适当降低饲养密度，能更有效地降低舍内的温度。

(四) 湿度管理

产蛋鸡最适宜的湿度为 60%~70%，如果舍内湿度过低，就会导致鸡羽毛凌乱，皮肤干燥，羽毛和喙、爪等色泽暗淡，并且极易造成鸡体脱水和引起鸡群的呼吸道疾病。如果舍内温度过高，就会使鸡呼吸时排散到空气中的水分受到限制，鸡体污秽，病菌大量繁殖，易引发各种疾病，引起产蛋量的下降。因此生产中可通过加强通风，雨季采用室内放生石灰块等办法降低舍内湿度；通过空间喷雾提高舍内空气湿度。

五、防疫管理

处于高峰期的鸡群，体质与抗体消耗均比较大，抵抗力随之下降，为各种疾病提供了可乘之机，因此在高峰阶段应严抓防疫关，杜绝烈性传染病的发生，降低条件性疾病发生的概率。

（一）关注抗体水平

制订详细的新城疫、禽流感 H9、H5 抗体监测计划，建议每月监测 1 次，抗体水平低于保护值时，及时补免；推荐 2 月免疫 1 次新支二联活疫苗，3~5月免疫 1 次禽流感灭活疫苗。

（二）产蛋高峰期新城疫疫苗的使用

1. 使用时间

母鸡在开产前 120 天左右，需注射新城疫Ⅰ系苗和新城疫油苗，Ⅰ系苗的毒力相对Ⅱ系、Ⅲ系、Lasota 株、clone-30 株等较强，生成体液抗体及细胞免疫抗体较高，可抵抗新城疫野毒及强毒的侵袭；新城疫油苗注射后，21 天后可产生较强的体液免疫抗体，抗体维持时间可达半年以上。

2. 加强免疫

生产实践中，Ⅰ系苗的抗体效价能维持两个月左右，之后新城疫黏膜抗体及循环抗体便会逐渐降低，不能抵抗新城疫强毒以及野毒的侵入，此时若群体内抗体不均匀或低下便会发病；所以母鸡在高峰期 180 天左右就必须加强免疫来提高新城疫黏膜抗体水平以及循环抗体水平，最晚不能到 200 天；加强免疫可选用新城疫弱毒苗 clone-30 株或 V4S 株、VG/GA 株等，毒力较弱且提升、均匀抗体能力强的毒株，既能提升抗体，对鸡群反应又较小。

180~200 天免疫后，每隔一个月或一个半月，可根据鸡群状况做加强免疫，鸡群状况可根据蛋壳颜色、鸡冠变化做出判断。

也可以参考下列免疫程序。100~120 日龄用新城疫Ⅳ系疫苗喷雾或点眼、滴鼻，用新城疫灭活苗注射免疫。170~200 日龄用新城疫Ⅳ系或新威灵苗喷雾免疫 1 次，以后每隔一个月或一个半月，用新城疫Ⅳ系疫苗或新威灵喷雾免疫1次；或根据当地流行病学及抗体监测情况，在140~150日龄再用新城疫单联油苗和活苗进行加强免疫，确保鸡群在整个产蛋高峰期维持高的抗体水平，保证鸡群平稳度过产蛋高峰期。

（三）产蛋高峰期的药物预防

加强对产蛋高峰期鸡群的饲养管理，提高机体抗病力。采用高品质饲料，保证营养充足均衡，饮水中添加适量的电解质、多维。提供适宜的环境条件，舍温应在14℃以上，防止舍内温度忽高忽低，合理通风，保持一定的湿度。根据天气情况及鸡群状态适量投服药物，控制沙门氏菌、大肠杆菌、支原体、球虫等疾病的发生，使机体保持较好的抗病力。

生产实践中证明，在各种疫苗免疫的比较成功的前提下，如果能很好地控制大肠杆菌、沙门氏菌、支原体等疾病，有利于提高母鸡自身抵抗力，减少禽流感、新城疫、产蛋下降综合征等多种病毒性疾病的发生。

（四）定期驱虫

母鸡在青年期已经驱过两次蛔虫、线虫和多次球虫了，但进入高峰期后，仍应坚持定期驱虫，特别是经过夏天虫卵繁殖迅速季节的鸡，除应注意蛔虫、线虫、球虫外还应注意绦虫的发生；所以高峰期内，如发现鸡群营养不良或粪便内有白色虫体时，应注意驱虫。可以使用左旋咪唑、吡喹酮、阿维菌素等对产蛋没有影响或影响较小的药物。近年来，产蛋鸡隐性球虫的发生率有所增加，应注意加强预防。

六、应激管理

应激是指鸡群对外界刺激因素所产生的非特异性反应，主要包括停水、停电、免疫、转群、过热、噪声、通风不良等。鸡只处于应激期，将丧失免疫功能、生长与繁殖等非必需代谢基本功能，造成生长缓慢、产蛋量下降、饲料利用率降低等。

1. 制定预案

针对本场的实际情况，制定相应的各种应激事故预防方案，如转群管理应激控制预案，断水、断电控制预案，通风不良控制预案等。

对一些非可控应激因素，如免疫应激、夏季高温应激、转群应激等，建议投喂0.03%的维生素C、维生素E或其他抗应激药物，在饲料中添加或饮水投喂电解质、多维，可以减少和抵抗各种应激。

2. 员工培训

结合实际情况，加强宣传和教育工作，要让每一名员工了解应激的危害，进而约束个人行为（如大声喧哗、粗暴饲养等）；同时确保正常生产过程中遇到特殊情况（如转群、断电、免疫）时，员工能按要求进行正确应对，确保鸡群生产稳定。

组织全体人员特别是有关人员认真学习、掌握预案的内容和相关措施。定期组织演练，确保在工作的过程中尽量避免应激的产生，同时对于突发的应激事故，可以有条不紊地开展事故应急处理工作。

七、产蛋高峰期鸡群健康状况的判断

（一）检查鸡冠，判断鸡群健康状况

鸡冠是鸡的第二性征，鸡冠的发育良好与否，与鸡群本身健康状况有很大关系；鸡冠正常呈鲜红色，手捏质地饱满且挺直；鸡进入产蛋期后，由于营养物质的流失，特别是高产鸡，鸡冠都不同程度地有些发白和倾斜，这些是营养供应不足的表现；因为鸡冠是鸡的身体外缘，营养不足时它表现的最敏感；如鸡冠顶端发紫或深蓝色，则见于高热疾病，如新城疫、禽流感、鸡霍乱等；如见鸡冠上面有黑色坏死点，除鸡痘和蚊虫叮咬外，应考虑禽流感、非典型新城疫或鸡白痢等；如果鸡冠苍白、萎缩或颜色淡黄，手捏质地发软，则常见于禽流感、非典型新城疫、产蛋下降综合征、变异性传染性支气管炎；如果鸡冠萎缩的特别严重，那么输卵管也会萎缩；如鸡冠表面颜色淡黄且上面挂满石灰样白霜，则见于产蛋鸡白痢、大肠杆菌等细菌性疾病；如鸡冠整个呈蓝紫色，且鸡冠发软，上面布满石灰样白霜，则基本丧失生产性能，属淘汰之列。

（二）观察蛋壳质量和颜色，判断鸡群健康状况

正常蛋壳表面均匀，呈褐色或褐白色。异常蛋壳的出现，如软壳蛋、薄壳蛋，多为缺乏维生素 D_3 或饲料中钙含量不足所致；蛋壳粗糙，多是饲料中钙、磷比例不当，或钙质过多引起，若蛋壳为异常的白壳或黄壳，则是大量使用四环素或某些带黄色易沉淀的物质所致；蛋壳由棕色变白色，应怀疑某些药物使用过多，或鸡患新城疫或传染性喉气管炎等传染病。

（三）观察鸡群外表，判断鸡群健康状况

正常的高产鸡鸡冠会随产蛋日期增长而微有发白，脸部呈红白色，嘴部变白，脚部逐渐由黄变白；肛门扁圆形湿润，摸裆部有四指或三指，腹部柔软，

如出现裆部少于二指的鸡应挑选出来；如产蛋高峰期的鸡，鸡冠、脸鲜红色，鸡冠挺直，羽毛鲜亮，腿部发黄，则为母鸡雄性化的表现，不是高产鸡，应挑选、淘汰；如鸡群中有鸡精神沉郁，眼睛似睁似闭，则应挑出，单独饲养。

观察鸡群羽毛发育情况，如果鸡群头顶脱毛，且脚趾开裂，则为缺乏泛酸（维生素 B_3）的症状；如脚趾开裂且整个腿部跗关节以下鳞片角化严重，则为锌缺乏症状，应及时补充。

（四）观察产蛋情况，判断鸡群健康状况

1. 看产蛋量

产蛋高峰期的蛋鸡，产蛋量有大小日，产量略有差异是正常的。但若波动较大，说明鸡群不健康；突然下降20%，可能是受惊吓、高温环境或缺水所引起，下降40%~50%，则应考虑蛋鸡是否患有减蛋综合征或饲料中毒等。

2. 看蛋白

蛋白变粉红色，则是饲料中棉籽饼比例过高，或饮水中铁离子偏高的缘故。蛋白稀薄是使用磺胺药或某些驱虫药的结果。蛋白有异味是对鱼粉的吸收利用不良。蛋白有血斑、肉斑，多为输卵管发炎，分泌过多黏液与少量血色素混合的产物。蛋白内有芝麻粒大小的圆点或较大片块，是蛋鸡患前殖吸虫病。

3. 看产蛋时间

70%~80%的蛋鸡多在上午12时前产蛋，余下20%~30%于下午4时前产完。如果发现鸡群产蛋时间参差不齐，甚至有夜间产蛋，均属异常表现，说明鸡群中已有鸡只发病。

八、蛋鸡无产蛋高峰的主要原因

（一）饲养管理方面

1. 饲养密度太大

由于受资金、场地、设备等因素的限制，或者饲养者片面追求饲养规模，养殖户育雏、育成的密度普遍偏高，直接影响育雏、育成鸡的质量。

2. 通风不良

育雏早期为了保暖，门窗均封得很严，舍内的空气极为污浊，雏鸡生长在这样的环境中，流泪、打喷嚏、患关节炎等，处于一种疾病状态，严重影响生长发育，鸡的质量难以达标。

3. 饲槽、饮水器有效位置不够，致使鸡群均匀度差

由于育雏的有效空间严重不足，早期料桶、饮水器的数量不可能很多，造成鸡群均匀度差。

4. 同一鸡舍进入不同批次的鸡

个别养殖场（户），在同一鸡舍装入不同日龄的鸡群，由于不同的饲养管理，不同的疫病的防治措施，不同的光照制度等因素，也是造成整栋鸡舍鸡产蛋不见高峰的原因之一。

5. 开产前体成熟与性成熟不同步

一般分为两种情况，一种是见蛋日龄相对偏早，产蛋率攀升的时间很长，表现为产蛋高峰上不去，高峰持续时间短，蛋重轻，死亡淘汰率高。另一种是见蛋日龄偏迟，全期耗料量增加，料蛋比高。

6. 产蛋阶段光照不稳定或强度不够

实践证明，蛋鸡每天有 14～15 小时的光照就能满足产蛋高峰期的需求。补光时一定要按时开关灯，否则就会扰乱蛋鸡对光刺激形成的反应。电灯应安装在离地面 1.8～2 米的高度，灯与灯之间的距离相等，40 瓦灯泡，补充光照只宜逐渐延长，在进入高峰期时，光照要保持相对稳定，强度要适合。

7. 产蛋高峰期安排不合理

蛋鸡的产蛋高峰期大约在 25～35 周龄，这一时期蛋鸡产蛋生理机能最旺盛，必须有效利用这一宝贵的时期。若在早春育雏，鸡群产蛋高峰期就在夏季，由于天气炎热，鸡采食减少，多数鸡场防暑降温措施不得力，或者虽有一定的措施，但也很难达到鸡产蛋时期最适宜的温度。

（二）饲料质量问题

目前市场上销售的饲料由于生产地区、单位和批次的不同，其质量也参差不齐，存在掺杂使假或有效成分含量不足的问题。再者说，拿同一种料，养不同品种、不同羽色、不同体型的鸡，难以适合鸡群对代谢能、粗蛋白质、氨基酸、钙、磷的需求。质量差的饲料，代谢能偏低，粗蛋白质水平相对不低，但杂粮的比例偏高，饲料的利用率则会存在很大的差异，养殖户大多不注意这一点，不从总耗料、鸡体增重、死淘率、产蛋量、料蛋比、淘汰鸡的体重诸方面算总账，而是片面地盲从于某种饲料的价格。

（三）疾病侵扰

传染病早期发病造成生殖系统永久性损害（如传染性支气管炎），使鸡群

产蛋难以达到高峰。

蛋鸡见蛋至产蛋高峰上升期相当关键，大肠杆菌病、慢性呼吸道病最易发生，经常造成卵黄性腹膜炎、生殖系统炎症，从而使产蛋率上升停滞或缓慢，甚至下降。

第三节　产蛋后期的饲养管理

一、产蛋后期鸡群的特点

当鸡群产蛋率由高峰降至 80% 以下时，就转入了产蛋后期（48 周至淘汰）的管理阶段。这个阶段，鸡群的生理特点如下。

①鸡群产蛋性能逐渐下降，蛋壳逐渐变薄，破损率逐渐增加。

②鸡群产蛋所需的营养逐渐减少，多余的营养有可能变成脂肪使鸡变肥。

③由于产蛋后期抗体水平逐渐下降，对疾病抵抗力也逐渐减弱，并且对各种应激比较敏感。

④部分寡产鸡开始换羽。

产蛋后期（48 周至淘汰）是鸡群生产性能平稳下降的阶段，这个阶段鸡只体重几乎没有变化，但是蛋重增大、蛋壳质量变差，且脂肪沉积，易患输卵管炎、肠炎。然而整个产蛋后期占到了产蛋期 50% 的比例，且部分养殖户在 500 多日龄淘汰时，产蛋率仍维持在 70% 以上的水平，所以产蛋后期生产性能的发挥直接影响养殖户的收益水平。

这些现象出现的早晚，与高峰期和高峰期前的管理有直接关系。因此应对日粮中的营养水平加以调整，以适应鸡的营养需求并减少饲料浪费，降低饲料成本。

二、产蛋后期鸡群的管理要点

（一）饲料营养调整

1. 适当降低日粮营养浓度

适当降低日粮营养浓度，防止鸡只过肥造成产蛋性能快速下降。产蛋后期日粮中的代谢能从产蛋高峰期的 2 750 千卡/千克，降到 2 690 千卡/千克；粗蛋白质可由产蛋高峰期的 15%~17.5% 降低到 13%~16%，豆粕的使用限量从

16%降到12%。若鸡群产蛋率高于80%，可以继续使用产蛋鸡高峰期饲料；若产蛋率低于80%，则应使用产蛋后期料。喂料时，实施少喂、勤添、勤匀料的原则。料线不超过料槽的1/3；加强匀料环节，保证每天至少匀料3遍，分别在早、中、晚进行。

2. 增加日粮中钙的含量

产蛋高峰期过后，蛋壳品质往往很差，破蛋率增加，在每日下午3~4时，在饲料中额外添加贝壳砂或粗粒石灰石，可以加强夜间形成蛋壳的强度，有效地改变蛋壳品质。添加维生素D_3能促进钙、磷的吸收。

产蛋后期饲料中钙的含量，可由产蛋高峰期的3%~4.2%调整为3.5%~4.5%。贝壳、石粉和磷酸氢钙是良好的钙来源，但要适当搭配，有的石粉含钙量较低，有的磷酸氢钙含氟量较高，要注意氟中毒。如全用石粉则会影响鸡的适口性，进而影响食欲，在实践中贝壳粉添2/3，石粉添1/3，不但蛋壳强度为最好，而且很经济。大多数母鸡都是夜间形成蛋壳，第2天上午产蛋。在夜间形成蛋壳期间母鸡感到缺钙，如下午供给充足的钙，让母鸡自由采食，它们能自行调节采食量。下午3~4时是补钙的黄金时间，对于蛋壳质量差的鸡群每100只鸡每日下午可补充500克贝壳或石粉，让鸡群自由采用。

3. 产蛋后期体重监测

轻型蛋鸡（白壳）产蛋后期一般不必限饲。中型蛋鸡（褐壳）为防止产蛋后期过肥，可进行限饲，但限饲的最大量为采食量的6%~7%。限饲要在充分了解鸡群状况的条件下进行，每周监测鸡群体重，称重结果与所饲养的品种、标准体重进行对比，体重超重了再进行限饲，直到体重达标。观测肥鸡、瘦鸡的比例，调整饲喂计划，及时淘汰寡产鸡。

（二）加强日常管理

严格执行日常管理操作规范，特别是要防止鸡只过度采食，变肥而影响后期产蛋。

1. 控制好适宜的环境

环境的适宜与稳定是产蛋后期饲养管理的关键点。如：温度要保持稳定，鸡群适宜的温度是13~24℃，产蛋的适宜温度在18~24℃。保持55%~65%的相对湿度和新鲜清洁的空气。注意擦拭灯泡，确保光照强度维持在10~20勒克斯，严禁降低光照强度、缩短光照时间和随意改变开关灯时间。

2. 加强鸡群管理，减少应激

及时检修鸡笼设备，鸡笼破损处及时修补，减少鸡蛋的破损；防止惊群引起的产软壳蛋、薄壳蛋现象。经常观察鸡群的采食、饮水、呼吸、精神和产蛋等情况，发现问题及时解决。做好生产记录，便于总结经验、查找不足。

随着鸡龄的增加，蛋鸡对应激因素愈来愈敏感。要保持鸡舍管理人员的相对稳定，提高对鸡群管理的重视程度，尽量避免陌生人或其他动物闯入鸡舍，避免停电、停水、称重等应激因素的出现。

3. 及时剔除弱鸡、寡产鸡

饲养蛋鸡的目的是得到鸡蛋。如果鸡不再产蛋应及时剔除，以减少饲料浪费，降低饲料费用。同时部分寡产鸡是因病休产的，这些病鸡更应及时剔除，以防疾病扩散，一般每2~4周检查淘汰一次。可从以下几个方面，挑出病弱、寡产鸡。

（1）看羽毛 产蛋鸡羽毛较陈旧，但不蓬乱，病弱鸡羽毛蓬乱，寡产鸡羽毛脱落，正在换羽或已提前换完羽。

（2）看冠、肉垂 产蛋鸡冠、肉垂大而红润，病弱鸡苍白或萎缩，寡产鸡已萎缩。

（3）看粪便 产蛋母鸡排粪多而松散，呈黑褐色，顶部有白色尿酸盐沉积或呈棕色（由盲肠排出），病鸡有下痢且颜色不正常，寡产鸡粪便较硬，呈条状。

（4）看耻骨 产蛋母鸡耻骨间距（竖裆）在3指（35毫米）以上，耻骨与龙骨间距（横裆）4指以上。

（5）看腹部 产蛋鸡腹部松软适宜，不过分膨大或缩小。有淋巴白血病、腹腔积水或卵黄性腹膜炎的病鸡，腹部膨大且腹内可能有坚硬的疙瘩，寡产鸡腹部狭窄收缩。

（6）看肛门 产蛋鸡肛门大而丰满，湿润，呈椭圆形。寡产鸡肛门小而皱缩，干燥，呈圆形。寡产鸡的体质、肤色、精神、采食、粪便、羽毛状况与高产鸡不一样。

4. 减少破损，提高蛋的商品率

鸡蛋的破损给蛋鸡生产带来相当严重的损失，特别是产蛋后期更加严重。

（1）造成产蛋后期鸡蛋破损的主要因素

①遗传因素。蛋壳强度受遗传影响，一般褐壳蛋比白壳蛋蛋壳强度高，破损率低，产蛋多的鸡比产蛋少的鸡破损率高。

②年龄因素。鸡开产后随鸡的年龄增长，蛋逐渐增大，随着蛋的增大，其表面积也增大，蛋壳因而变薄，蛋壳强度降低，蛋易破损，后期破损率高于全

程平均数。

③气温和季节的影响。高温与采食量、体内的各种平衡、体质有直接的关系；从而影响蛋壳质量，导致强度下降。

④某些营养不足或缺乏。如果日粮中的维生素 D_3、钙、磷和锰有一种不足或缺乏时，都会导致蛋壳质量变差而容易破损。

⑤疾病。鸡群患有传染性支气管炎、减蛋综合征、新城疫等疾病之后，蛋壳质量下降，软壳、薄壳、畸形蛋增多。

⑥鸡笼设备。当笼底网损坏时，易刮破鸡蛋，收蛋网角度过大时，鸡蛋易滚出集蛋槽摔破；角度较小时，鸡蛋滚不出笼易被鸡踩破。鸡笼安装不合理也易引起蛋被鸡啄食。每天捡蛋次数过少，常使先产的蛋与后产的蛋在笼中相互碰撞而破损。

（2）减少产蛋后期破损蛋的措施

①查清引起破损蛋的原因。查清引起破损蛋的原因，掌握本场破损蛋的正常规律。发现蛋的破损率偏高时，要及时查出原因，以便尽快采取措施。

②保证饲料营养水平。

③加强防疫工作，预防疾病流行。对鸡群定期进行抗体水平监测，抗体效价低时应及时补种疫苗。尽量避免场外无关人员进入场区。及时淘汰专下破蛋的母鸡。

④及时检修鸡笼设备。鸡笼破损处及时修补，底网角度在安装时要认真按要求放置。

⑤及时收捡产出的蛋。每天捡蛋次数应不少于 2 次，捡出的蛋分类放置并及时送入蛋库。

⑥防止惊群。每天工作按程序进行，工作时要细心，尽量防止惊群引起的产软壳蛋、薄壳蛋现象。

5. 做好防疫管理工作

（1）卫生管理　严格按照每周卫生清扫计划打扫舍内卫生。进入产蛋后期，必须保证舍内环境卫生及饮水的清洁卫生，避免条件性疾病的发生。饮水管或者饮水槽每 1~2 周消毒一次（可用过氧乙酸溶液或高锰酸钾溶液）。

（2）根据抗体水平的变化实施免疫　有抗体检测条件的根据抗体水平的变化实施免疫新城疫和禽流感疫苗；没有抗体检测条件的，新城疫每 2 个月免疫一次，禽流感每 3~4 个月免疫一次油苗。

（3）预防坏死性肠炎、脂肪肝等病的发生　夏季是肠炎的高发季节，除做好日常的饲养管理外，可在饲料中添加 5~15 毫克/千克安来霉素来预防；

要做好疾病的预防与治疗。防止霉菌毒素、球虫感染损伤消化道黏膜而引起发病；保护肠道黏膜，减少预防性用药次数，增加用药间隔时间。

第四节　产蛋鸡不同季节的管理要点

一、春季蛋鸡的饲养管理

蛋鸡在一个产蛋周期（19~72周龄）的生产水平决定于其产蛋高峰所处的季节，一般立春前后产蛋高峰的鸡群比立夏前后达到高峰的鸡群平均饲养日产蛋数要多5~8枚。春季气温开始回升，鸡的生理机能日益旺盛，各种病菌易繁殖并侵害鸡体。因此，必须注意鸡的防疫和保健工作。

1. 关注鸡群产蛋率上升的规律，加强鸡群饲养管理

立春过后，外界气温逐渐回升，适合鸡群产蛋需要，当鸡舍温度上升至15℃时，产蛋高峰期（23~40周龄）、中期（41~55周龄）和后期（56~72周龄）鸡群产蛋均有上升的趋势。但是，随着温度升高，鸡群的采食量会降低。因此，饲养管理者要认真做好鸡群的日常饲养管理工作，必须保证供给鸡群优质、营养均衡，新鲜充足的饲料，尤其处于产蛋高峰期的鸡群，必须让鸡吃饱、吃好，维持体能，以缓解产蛋对鸡体造成的消耗，为夏季做好储备；保证水质、水源的绝对安全，并保障鸡群充足的饮水，以免影响产蛋性能的发挥。

2. 关注温度对鸡群产蛋的影响，正确处理保温和通风的矛盾

寒冷的冬季，由于绝大多数产蛋鸡舍没有供暖设施，鸡舍的热源主要来自于鸡群自身所产生的热量。鸡舍要保持在13~18℃的产蛋温度范围内，昼夜温差不可超过3℃，每小时不超过0.5℃，鸡笼上下层、鸡舍前中后的温差不超过1℃。鸡舍一般采取最小通风模式，保证冬季鸡舍的最小换气量（采取间歇通风模式，风机开启时间为9.6小时）。特别注意根据气温的变化及时调整风机开关数量及通风口的大小，达到既满足换气的需要，又实现调节温度的目的。

春季昼夜温差大，尤其是倒春寒现象，导致外界温度变化剧烈，极容易造成鸡群产蛋的不稳定，鸡群产蛋率一周波动范围达到2%~3%，这就对管理者提出了很高的要求。遇到倒寒天气时，管理上要以换气为主，通风为辅，减少温度的波动，及时上调风机的控制温度，减少风机的工作频率，通过调整小窗

大小来减少进风量，保证温度平稳、适宜，减少温度波动造成的应激；遇到大风或沙尘天气时，进风量与风速是主要的控制点，应合理控制小窗开启的距离、数量，以减少进风量，减缓风速，防止贼风侵袭和减少粉尘。

3. 关注产蛋鸡群抗体消长规律，做好免疫、消毒工作

春季万物复苏，细菌病毒繁殖速度加快，尤其是养鸡多年的场区，极易暴发传染性支气管炎、鸡新城疫、禽流感等疾病，对产蛋造成不可恢复的影响。因此，春季应关注产蛋鸡群传染性支气管炎、鸡新城疫、禽流感等病毒病抗体的消长规律，适时补免，以维持产蛋的稳定。

（1）保证均匀有效的抗体　根据本场的具体情况，制定详细的免疫程序，并且坚持保质保量地完成免疫，特别是禽流感和新城疫。由于春季是禽流感和新城疫的高发季节，建议新城疫免疫每两个月气雾免疫一次（可以新城疫-传支二联苗与新城疫 Lasota 系交替使用）；流感免疫四个月注射免疫一次，并随时关注抗体变化。

加密抗体监测频率，在外界环境相对稳定的情况下，根据本场的具体情况可以一个月监测 1 次，如果外界环境不稳定，并且本场自身免疫程序不是很完善，则有必要每半个月监测 1 次。新城疫、传支、禽流感等病毒性疾病的抗体水平必须长期跟踪、时时关注。如遇到抗体变化异常，周围情况不稳定或有疫情发生时，要及时地采取隔离封锁，适时加免，全群紧急免疫等措施，以增加抗体水平，提高鸡群免疫力。

注意春季疾病的非典型症状的出现。例如非典型新城疫主要发生于免疫鸡群和有母源抗体的雏鸡。当雏鸡和育成鸡发生非典型新城疫时，往往常见呼吸道症状，表现为呼吸困难，安静时可听见鸡群发出明显的呼噜声，病程稍长的可出现神经症状，如头颈歪斜、站立不稳，如观星状。病鸡食欲减退，排黄绿色稀便。成年鸡因为接种过几次疫苗，对新城疫有一定的抵抗力，所以一般只表现明显的产蛋下降，幅度为 10%~30%，半个月后开始逐渐回升，直至 2~3 个月才能恢复正常。在产蛋率下降的同时，软壳蛋增多，且蛋壳褪色，蛋品质量下降，合格率降低。

（2）控制微生物滋生，把握内外环境的消毒　一些养殖场（户）为避免春季不稳定因素给鸡群带来的疾病困扰，则选择了减少通风，注意保温的方法。恰恰由于这样，就导致了鸡舍内有害气体超标以及病原微生物大量滋生，给鸡群带来了更大的危害。

要养成白天勤开窗，夜间勤关窗，平时勤观察温度的习惯。当上午太阳出来，气温上升时，可将通风小窗或者棚布适当打开，以保证舍内有足够的新鲜

空气；而当傍晚气温下降时，再将小窗等通风设施关闭好，以保证夜间舍内温度。

同时要做好舍内外环境以及饮水管线的消毒工作，尽可能降低有害物质的含量。内环境消毒时，要选择对鸡只刺激性小的消毒药进行带鸡消毒。可每天带鸡消毒1次，条件不允许的情况下，也要保证每周3次的带鸡消毒；消毒药可选择戊二醛类或季铵盐类。外环境消毒时，可适当选择对病毒有一定杀灭作用的消毒药，例如火碱或碘制剂；在消毒过程中要选择两种或两种以上消毒药交替使用，这样可以有效地避免微生物耐药性的产生。要定期对饮水管线进行消毒，可每周消毒1次或每半月消毒1次，消毒药可选用高锰酸钾，消毒药的浓度一定要准确。

（3）适时预防投药　此时期根据鸡群状况可以采取预防性投药，特别是各种应激发生前后（如转群、免疫、天气发生急剧变化）应及时给予多维补充。尤其鸡群人工输精以后应当根据其的输卵管状况、产蛋情况，适时地对输卵管进行预防性投药，防止输卵管炎的发生。

4. 关注硬件设施对鸡群产蛋的影响

为了保证鸡群的产蛋性能在春季得到更好的发挥，要关注硬件设施设备的改进，以减少应激因素对鸡群的影响。

春季对鸡群的应激因素主要有：昼夜温差大、倒春寒、日照时间长（对开放、半开放鸡舍的影响大）和条件性疾病的发生率高等几个方面。而这些因素的消除无不取决于鸡舍的硬件设施。春季是鸡群大肠杆菌病、呼吸道等条件性疾病的高发季节，改善饲养管理条件、提高鸡舍卫生水平、做好换季时的通风管理，是降低发病率的有效措施。尤其是鸡舍硬件设施改进后，可以使通风更加科学合理、鸡群生存的环境更加舒适、卫生条件得以改善、降低了条件性疾病的发生概率，进而将季节因素对鸡群生产性能的影响降至最小。

5. 关注不同生长阶段鸡的饲养管理

（1）春季雏鸡的饲养管理　每年3—4月孵出的鸡为春雏，这个时期北方气候逐渐转暖，对雏鸡生长非常有利，育雏成活率高，新鸡到当年8—9月开产，此时正是去年老鸡产蛋下降季节，能弥补淡季市场鲜蛋供应的不足，且产蛋期能延续到第二年秋末才换羽停产，经济效益较高。

每年4月下旬到5月份孵出的鸡为晚春雏，这时气候转暖，管理省事，降低了保温成本，育雏成活率较高。新鸡在当年秋末冬初开产，高峰期在春节前，鸡蛋价格较高，能取得较好的经济效益。

无论是春雏还是晚春雏，最好都实行高温育雏。由于雏鸡刚出壳后卵黄没有吸收好，体质较弱，抵抗力差，采用高温育雏能促进卵黄吸收，降低死亡率。第一周 35~36℃，往后每周降低 2℃。由于育雏期温度较高，舍内湿度较低，容易干燥，造成尘埃飞扬，极易造成异物性气管炎。因此，应定期增加湿度，可带鸡喷雾消毒，也可在炉子上放一铁盆，定期放入含氯消毒剂，达到消毒和增加湿度两个目的。一般育雏期湿度为 65%~70%。

为了防止发生啄癖，春季育雏时要对雏鸡进行断喙。一般第一次在 6~10 日龄，第二次在 14~16 周龄，用专门工具将上喙断去 1/2~2/3，下喙断去 1/3。有的养殖户怕发生啄癖，一次断去太多，上喙变成肉瘤，严重影响采食和生长；也有的舍不得断，到产蛋时发生啄癖。

1~2 周以保温为主，但不要忘记通风，第 3 周应增加通风量；饲养后期随鸡生长速度的加快，鸡只需要氧气亦相对增加，此阶段的通风换气尤为重要。春季应在保温的同时，定时进行通风换气，以减少舍内尘埃、二氧化碳和氨气等有害气体的浓度，降低舍内湿度，使空气保持新鲜，从而达到减少呼吸道、肠道疾病发生的目的。

育雏期容易发生的疾病有鸡白痢、脐炎、肠炎、法氏囊病、球虫等，应定期投放药物预防，同时做好防疫工作。

（2）春季对后备鸡群重点进行生长发育的调控　后备鸡群体型、体重的达标与否、均匀度的高低、性成熟的早晚直接影响产蛋性能的高低，直接关系到养鸡经济效益的高低。

由于鸡的骨骼在最初 10 周内生长迅速，8 周龄雏鸡骨架可完成 75%，12 周龄完成 90% 以上，之后生长缓慢，至 20 周龄骨骼发育基本完成。体重的发育在 20 周龄时达全期的 75%，以后发育缓慢，一直到 36~40 周龄生长基本停止。

为了避免出现胫长达标而体重偏轻的鸡群、胫长不达标而体重超标的鸡群，在育成期就要对鸡群进行适当的限制饲养。一般在 8 周龄时开始，有限量和限质两种方法。生产中多采用限量法，因为这样可保证鸡食入的日粮营养平衡。限量法要求饲料质量良好，必须是全价料，每日将鸡的采食量减少为自由采食量的 80% 左右，具体喂量要根据鸡的品种、鸡群状况而定。

为避免出现早产、蛋小、脱肛、推迟开产现象的发生，在育成期必须控制好光照。为促其产蛋，只要具备下列条件之一，就应进行光刺激。一是体重达开产体重时，以增加光照来刺激其产蛋，促使卵泡的形成，抑制体型体重的继续生长，从而提高整个产蛋期的产蛋量和蛋料比。二是当群体产蛋率达 5%

时，及时给予光刺激，以满足其生殖发育的需要。三是如果是轻型蛋鸡达 20 周龄时仍未见蛋，应及时给予光刺激来提高产蛋量。

（3）春季加强蛋鸡开产前的饲养管理　开产前数周是母鸡从生长期进入产蛋期的过渡阶段。此阶段不仅要进行转群上笼、选留淘汰、免疫接种、饲料更换和增加光照等一系列工作，给鸡造成极大应激，而且这段时间母鸡生理变化剧烈、敏感、适应力较弱、抗病力较差，如果饲养管理不当，极易影响产蛋性能。

①上笼。现代高产杂交配套蛋鸡一般在 120 日龄左右见蛋，因此必须在 100 日龄前上笼，让新母鸡在开产前有一段时间熟悉和适应环境，并有充足时间进行免疫接种、修喙、分群等工作。如果上笼过晚，会推迟开产时间，影响产蛋率上升；已开产的母鸡由于受到转群等强烈应激也可能停产，甚至有的鸡会造成卵黄性腹膜炎，增加死淘数。如过早则影响生长，山东省聊城一养鸡户于 60 日龄时过早上笼，因鸡太小、水槽太高、喝不上水而造成大批死亡。

②分类入笼。上笼后及时淘汰体型过小、瘦弱和无饲养价值的残鸡，对于体重相对较小的鸡则装在温度较高、阳光充足的南侧笼内适当增加维生素 E、微量元素、优质鱼粉等营养，促进其生长发育，但喂料量应适当控制，以免过肥。过大鸡则应适当限饲。

③免疫接种。开产前要把应该免疫接种的疫苗全部接种完，禽流感灭活苗应接种两次，相隔 30 天左右，喉气管炎疫苗最好擦肛。接种后要检查接种效果，必要时进行抗体检测，确保免疫接种效果，使鸡群有足够的抗体水平来防御疾病的发生。

④驱虫。开产前要做好驱虫工作，110~130 日龄的鸡，每千克体重用左旋咪唑 20~40 毫克，拌料喂饲，每天一次，连用 2 天以驱除蛔虫；每千克体重用硫双二氯酚 100~200 毫克，拌料喂饲，每天一次，连用 2 天以驱绦虫。

⑤增加光照。体重符合要求或稍大于标准体重的鸡群，可在 16~17 周龄时将光照时数增至 13 小时，以后每周增加 30 分钟直至光照时数达到 16 小时，而体重偏小的鸡群则应在 130 日龄，鸡群产蛋时开始光照刺激。光照时数应渐增，如果突然增加的光照时间过长，易引起脱肛；光照强度要适当，不宜过强或过弱，过强易产生啄癖，过弱则起不到刺激作用。开放鸡舍育成的新母鸡，育成期受自然光照影响，光照强，开产前后光照强度一般要保持在 15~20 勒克斯范围内，否则光照效果差。

⑥更换饲料。开产前 2 周骨骼中钙的沉积能力最强，为使母鸡高产，降低蛋的破损率，减少产蛋鸡疲劳症的发生，增加光照时要将育成料及时转换为产

蛋前期料（含钙 2%）或产蛋高峰料（含钙量为 3.5%）。

（4）春季对产蛋期蛋鸡的饲养管理 在气候多变的春季，饲养蛋鸡的目的是保持稳产和高产。

①保温与通风。春季虽然舍外气温逐渐升高，但气候多变，早晚温差大。产蛋鸡每日采食量、饮水量较多，排粪也多，空气易污染，影响鸡的健康，降低产蛋率。因此，必须注意通风换气，使舍内空气新鲜。在通风换气的同时，还要注意保温。要根据气温高低、风力、风向而决定开窗次数、大小和方向。要先开上部的窗户，后开下部的，白天开窗，夜间关闭，温度高时开窗，而温度低时关窗，无风时开窗，有风时关窗。这样可避免春季发生呼吸道疾病，又可提高产蛋率。

②光照管理。春季昼短夜长，自然光照不足，必须补充人工光照，以创造符合蛋鸡繁殖生理所需要的光照。方法是将带有灯罩的 25 瓦或 40 瓦灯泡（按每平方米 3 瓦的量计算）悬吊距地面约 2 米高处，灯与灯之间距离约 3 米。若有多排灯泡应交错分布，以使地面获得均匀光照和提高电灯的利用率。要采取早晚结合补光法，补光时间相对固定，防止忽前忽后，忽多忽少。要保持蛋鸡的总光照时间为 15~16 小时。

③提供充足的营养。高峰期的产蛋鸡，饲料中每千克饲料中含代谢能 2 750 千卡、粗蛋白质 16%、钙 3%~4.2%、总磷 0.35%~0.6%。

④添加预防药物。由于新母鸡产蛋高峰来得快、持续时间长，应在不同阶段添加预防药物，防止发生输卵管炎、腹泻、呼吸道等疾病。了解发生啄癖的原因，采取相应的防治措施。

二、夏季蛋鸡的饲养管理

1. 调整日粮结构，提高营养浓度

（1）能量应该增加而不该减少 提高饲料中能量物质的含量可以改善热应激。该方式目前较为理想的方法是用脂肪来代替碳水化合物（玉米），脂肪可改变饲料的适口性，延长饲料在消化道内的停留时间，从而提高蛋鸡的采食量和消化吸收。热应激时，可用 1.5%熟脂肪置换部分玉米，相应的玉米用量可减少 4%~6%。但是脂肪易氧化变质，所以日粮中添加脂肪的同时应添加抗氧化剂，如乙氧喹类。

（2）蛋白质原料总量应该减少而不是增加 在热应激时传统方式往往是通过提高饲料中粗蛋白原料的含量，弥补产蛋鸡蛋白质摄入的不足，但是蛋白质代谢产生热量远高于碳水化合物和脂肪，增加了机体内的代谢产热积累，所以在调整饲料配方时不应该提高蛋白质原料的含量，而要适当地减少。因此，建议减少日粮中杂粮等蛋白质利用率较低原料的用量，适当减少鱼粉等动物蛋白饲料的用量，增加豆粕等蛋白质含量高、利用率高的原料，但不应增加总体蛋白质原料用量。

但是，为提高蛋白质的利用率，保证其营养需要，要根据日粮氨基酸的情况添加必需氨基酸。有研究发现蛋氨酸、赖氨酸可以缓解热应激，它们是两种必须添加的基础氨基酸，一般在原有日粮基础上增添 10% ~ 15%，使它们的添加量达到每只鸡每天蛋氨酸 360 毫克、赖氨酸 720 毫克，并注意保持氨基酸的平衡。

（3）矿物质的调整　热应激能够影响蛋壳质量（蛋壳变薄、变脆），所以应根据采食量下降的幅度来调整夏季日粮配方中钙磷的比例。如果其他季节的钙、有效磷水平分别为 3.5%、0.36%，则钙、有效磷水平应分别调整为 3.8%、0.39% 以上，原则上钙的调整水平不要超过 4%，有效磷调整水平不要超过 0.42%，因为过高水平的钙会造成肠道环境中高渗透压环境，导致腹泻。还应注意钙源的供应粒度，最好 2/3 为粒状（小指甲盖大小分四半），磷源最好也采用颗粒磷源。

另外，在热应激条件下，矿物质在粪尿中的排泄量会增加。热应激会影响锰、硫、硒、钴等离子的吸收，对它们的需要量增加，所以应按照日粮摄入量的减少幅度相应地提高在饲料中的含量。

（4）维生素的调整　热应激对维生素 E、维生素 C 和 B 族维生素的吸收影响较大，夏季添加量应调整为正常量的 2~3 倍。维生素 C 因与蛋壳形成有重要关系，应至少添加 200 克/吨，少了没有效果。

（5）调节电解质平衡　一般氯化钾的添加浓度为 0.15% ~ 0.30%。同时在饲料中添加 0.3% ~ 0.5% 的小苏打，能减少 1% ~ 2% 的次品蛋，提高 2% ~ 3% 的产蛋率，使蛋壳厚度增加，提高日粮中蛋白质的利用率，但是要适当降低盐的用量。

2. 向料槽中喷水，增加鸡群采食量

往料槽中喷水对饲料起到潮拌作用，特别是在炎热的夏季，喷水能够降低饲料温度，增强饲料适口性。建议在产蛋高峰到来之前和产蛋高峰期制定有规律的喷水计划。

（1）制定相应的计划　在炎热的夏季应该制订一个详细的喷水计划，并应用营养药物和抗菌类药物相结合的方式添加。如：每 10 天喷水 1 次（添加营养类药物），每次 2~3 天；每 20 天添加 1 次抗菌类药物，每次 3~4 天。在喷水计划中要将饲料和料槽的微生物监测计划列入其中，以便能够及时地掌握饲料和料槽中的微生物含量，控制饲料的卫生。

喷水的时间应在每天的 11:00—11:30 这个时间段，此时正是温度逐渐升高的时间，喷水可以缓解高温带来的应激，在正常喂料的情况下，让鸡得到很好的采食，满足生长和生产的需要。

（2）喷水前的准备工作 喷水前首先与驻场兽医进行沟通，水里要添加一些营养药物预防肠炎的发生，例如：多维素 0.1%、维生素 C 0.03%，并提高鸡群的适口性。在兽医的指导下进行，要选择水溶性好的药物进行喷水。

喷水之前计算用水量，按照每 10 米长的料槽用 0.5 千克水计算；根据用水量的多少，确定用药量。药物要分开称量，并保证称量的准确性。

（3）正确喷水 首先要调节好泵的压力。用手去感觉喷出水的压力，尽可能将泵的压力调到最小，使喷枪喷出的水呈雾状，喷出水的面积要小于或等于料槽底部的面积，以免造成药液的浪费。喷水开始，将喷枪枪头向后，与料槽距离为 10 厘米，枪体与料槽呈 45°角，人体斜对料槽。喷水过程中，喷洒要均匀，走路速度要快而稳，并时刻观察喷在料上的水量，只需在料的表层喷洒一层即可，不能喷洒太多，水多会使湿料糊鸡嘴；同时，水量过大、时间过长会造成饲料发霉变质，给鸡群带来不良的影响。

喷水之前，要根据料槽中的剩料多少确定有无必要再进行一次喂料，若料槽中的剩余料多时，在喷水之前进行一次匀料，保证每个笼前的料是均匀的；若料槽中的料不足时，喷水之前进行一次喂料，保证每只鸡都能得到充足的采食，起到真正增加采食的作用。喷洒的过程中禁止将水喷洒在地上、笼上或墙上，因为添加维生素等营养物质的水会加快细菌、微生物滋生，因此要时刻调整喷枪的压力和位置，确保正确操作，不造成浪费。喷洒完毕后，时刻观察鸡群的采食情况，在下一次喂料前检查所剩料的情况，有无湿料；若有，则及时清除，以免出现堆料现象，造成饲料浪费。喷水后增加匀料的次数，以免在喷水后使料槽底部的饲料发霉；将粘在料槽边缘部分的料渣和鸡毛等杂物用干毛巾擦去，以免给细菌创造滋生的环境。

喷水要不定期进行，以免鸡群产生依赖，导致在正常喂料时不能起到刺激采食的作用，反而起到负面的影响。

3. 改善饲喂方法

改变饲喂时间，利用早晨、傍晚气温较低时多添料，此时温度比较适合蛋鸡,采食量容易提高,也比较容易形成采食习惯;改变适口性差的原料饲喂时间,将贝壳粉或石粉在傍晚时加喂,这样可以提高其他营养物质的摄入,而且傍晚是蛋鸡对钙需求最高的时候;改变饲料形态,可以把粉料变为颗粒饲料,加强饲喂以刺激采食;用湿拌料促进采食;夜间开灯1小时增加饮水等;提高饲料适口性,在饲料中添加香味剂、甜味剂、酸化剂、油脂等物质,提高蛋鸡采食欲望,以达到提高采食量的目的。

4. 保证充足饮水

夏季一定要保证全天自由饮水,而且保证新鲜凉爽。我们常见到一些养鸡户,由于农忙而造成水槽内缺水,或因鸡群粪便太稀而控制饮水,发生中暑造成经济损失。

如果在炎热的夏季缺水时间过长,影响鸡的生长及生产性能的发挥。为了保证每只鸡饮到足够的新鲜凉水,应放置足够的饮水器具,而且要高度合适,布局均匀,水温以10℃左右为宜,同时要注意保证饮水器具的清洁卫生,最好每天刷洗消毒一次,防止高温出现水污染现象。在保证充足饮水的同时,还应保持舍内地面的清洁,防止洒水、漏水造成舍内湿度过大。

5. 加强环境管理,利用风冷效应和水帘直接降温,改善鸡舍内环境

对鸡舍外环境的管理,可在距离鸡舍周围2~3米处种植生长快速的林木,在树生长过程中必须修剪,让树冠高出房檐约1米,以避免阳光直射舍内;还可以种植藤属攀缘植物如爬山虎、牵牛花等,以达到遮阴、吸收阳光、增加产氧量,改善小气候的目的;鸡舍顶部和墙壁应采用不吸热的白色材料或涂料,以反射部分阳光,减少热量吸收。实践证明,用白色屋顶可降低舍内温度2~3℃。

利用风速产生的风冷效应和水帘直接降温,可降低舍内温度,改善鸡舍内环境,避免热应激的发生。

关闭鸡舍内所有进风小窗,根据温度控制风机运行个数,完全启动纵向通风系统,靠风速来降低鸡群体感温度。当温度达到32℃以上时,启动水帘系统,同时关闭其他进风口,保证过帘风速达到1.8~2米/秒(注意:风速不能过高,否则会引起腹泻等条件性疾病),当舍内温度降至26℃以下时适当关闭部分湿帘,温度升高到32℃以上时再打开,如此循环。

高温高湿对鸡群的影响很大,在湿帘打开时,如果湿度大于70%且舍温达到35℃以上时,应关闭湿帘,开启全部风机,开启鸡舍前半部进风口(进风口面积是出风口面积的2倍),用舍内消毒泵对着鸡冠用冷水进行喷雾降

温，每小时 1 次，每只鸡喷水 80~100 毫升。

三、秋季蛋鸡的饲养管理

秋季天气逐渐变凉，每天的温度和昼夜温度变化很大。所以，为保证给鸡群舒适的生存环境，使鸡群的生产性能得到较好的发挥，在管理上应以稳定环境为重点。

1. 合理通风，稳定环境

蛋鸡比较适宜的温度为 13~25℃，相对湿度为 50%~70%，过高和过低都会降低鸡的产蛋率。早秋季节，天气依然比较闷热，再加上雨水比较多，鸡舍内比较潮湿，易发生呼吸道和肠道传染病，为此必须加强通风换气。白天打开门窗，加大通风量，晚上适当通风，以降低温度和湿度，利于鸡体散热和降低鸡舍内有害气体含量。

随着季节的转换，中秋以后，昼夜温差大，此时，鸡舍应由夏季的纵向负压通风逐渐过渡到横向负压通风，若过渡的不合理，就会诱发鸡群呼吸道疾病、传染性疾病，进而对鸡只产蛋带来影响。

（1）秋季通风管理的总体目标　鸡舍的房屋结构，风机设计模式，进风口的位置决定了通风所采取的方式，不论是横向通风还是纵向通风，通风管理最终要达到的目标是实现鸡舍要求的目标温度值，使舍内风速均匀，空气清新。通风管理即在考虑鸡舍饲养量、鸡群日龄的基础上，决定开启风机和进风口的数量与角度。

鸡舍内温度的相对稳定及舍内空气的清新，有利于最大限度地发挥鸡群的生产性能。那么怎样确定风机安装的个数与进风口的数量呢？在设计鸡舍的通风系统时，应根据当地的气候特点，考虑鸡舍的（夏季）最大通风量。如蛋鸡夏季最大的排风量为 14 米³/（小时·只）。根据经验公式：$n=$［体重（千克）×饲养只数×7×1.15］/风机排风量（式中 7 为每只鸡呼吸量，1.15 为损耗系数），计算出不同日龄鸡舍应安装的风机个数。

例如，一个长 90 米、宽 12 米，饲养 16 000 只的标准化蛋鸡舍，采用纵向通风+通风小窗模式时，后山墙安装 6 台 50 英寸、1.1 千瓦轴流式风机，侧面山墙进风口每隔 3 米安装一个通风小窗（0.145 米²），前山墙湿帘面积 40 米²，就可以满足夏季和其他季节的通风需要。夏季采取纵向负压通风和湿帘降温系统，秋季采用由纵向负压向横向负压过渡的通风方式，以减少昼夜温差。

（2）秋季通风管理关键点

①设定鸡舍的目标温度值。鸡只生产和产蛋最适宜温度是 18～25℃。但是，在生产实际中，受外界气候的影响，鸡舍内不可能维持理想的温度值，要根据季节的变化进行调整。秋季通风的管理，实际上是根据外界温度的变化，确定夜间的最低温度值，以减少昼夜温差。随着外界温度的降低，为了使鸡舍夜间温度与昼夜之间的温差相对恒定，向冬季过渡，最低值的确定应遵循逐渐下降的原则。若外界最低气温为 18℃，舍内设定目标值为 20℃；若外界最低气温是 16℃，舍内设定目标值为 18℃。

如秋季白天外界最高气温达到 32℃，相对湿度 30%，夜间最低气温 18℃，相对湿度 60%。在一天之内，舍内最高温度 32℃，白天需全部开启风机和进风口，使用纵向通风，舍内风速可达 2.5 米/秒，以达到降温的效果。而夜间通过减少风机的个数，使舍内最低温度控制在 20℃以上，风速低于 1.2 米/秒，以满足鸡群正常生产的需要。虽然舍内温差达到了 12℃。但是温度控制是在鸡体可以调节的正常范围内，所以鸡群表现出了良好的生产成绩。

②为保证舍内温度恒定和风速均匀，调整风机台数和进风口数量。设定目标温度值后，需靠调整风机台数和进风口数量，来保证舍内温度的恒定与风速的均匀。在秋季一天之中，鸡舍内的目标温度值是不一样的。午后热，早晚凉，白天舍内最高温度在 32℃（高于 32℃应采取湿帘降温），夜间最低温度设定在 18℃。因此，白天通风的目的是降温，夜间通风的目的是换气。白天全部开启风机和进风口，夜间靠少开风机和适量减少进风口，保证达到目标设定值。由于风机和进风口是逐渐调整的。温度的变化是逐渐降低或升高的，因此每只鸡可以适应温度的变化，减少了鸡群的应激，保持了生产的稳定。

那么，如何使开启的风机与进风口匹配，达到设定的目标温度值呢？最好的方法是安装温度控制器，根据设定的目标温度调整风机、通风小窗的开启。自动调节温度控制器有两种：一种电脑控制 AC2000 控制器，另一种人工控制-温度控制器。将风机与温度控制器相连，根据控制器的要求，设定一天中鸡舍所需的目标温度值，来控制风机的开启个数，保持鸡舍设定的目标温度。开启进风口的数量与角度决定了鸡舍的风速，使用 AC2000 控制器，可以实现鸡舍温度与风速控制的自动化。安装温度控制器解决了秋季昼夜温差大的难题，使鸡舍温度保持相对稳定。

③秋季通风管理的注意事项。由于国内养殖户的饲养设备、饲养管理水平参差不齐，对于鸡舍秋季通风的管理认识存在差异。无论采取什么样的通风方式，原理是相同的。因此提醒广大养殖场（户），管理好鸡舍的通风，必须了

解鸡舍通风系统的通风方式，是横向负压通风还是纵向负压通风。然后，再了解每台风机的排风量，鸡舍的静压，进风口的大小、风速，风的走向等。根据外界温度的变化，设定一天中不同时间段的舍内目标温度值，根据目标温度值确定风机及进风口的数量和开启角度、大小。设定目标温度值要遵循逐渐下降的原则，逐渐向冬季过渡。保持舍内温度、风速的均匀，不留死角，防止通风不足和通风过度。有条件的鸡舍最好是使用自动温度控制系统，以实现随时调整风机的目的。

每天要认真观察鸡群，如果有冷风直接吹入，可以看到局部的鸡群拉稀症状，及时调整后，这种条件性疾病就会改善。

2. 调控温度，减少应激

（1）关注温度，适时调整　产蛋鸡舍内温度以保持在18~23℃为宜，秋季白天外界最高温度可达到30℃，夜间最低温度可降到16~18℃，所以要控制好舍内的温差。

减少温差，最好的方法是安装温控仪，这样可以保证鸡舍温度的稳定。随着天气逐渐变凉，及时调整设置的温度，在保证最低通风量的基础上，确定夜晚最低温度，然后逐步提高每个风机开启的温度设定，使夜里温度不致太低；白天气温高时能自动增加风机开启数量，减少昼夜温差。

（2）注意温度变化　秋季湿度小，感觉舒适凉爽，是养鸡的好时候，要注意冷空气由北方南下造成气温急剧下降。所以必须关注天气预报，注意夜间的保暖工作，避免鸡群因温差应激和着凉而引发呼吸道疾病。

3. 加强饲料营养，确保饲料新鲜

鸡群经过长期的产蛋和炎热的夏天，鸡体已经很疲劳，入秋后应多喂些动物性蛋白质饲料，以尽快恢复体能。给予易消化的优质饲料和维生素，特别是B族维生素含量要充足。此时鸡群的食欲有所增加，必须保证饲喂充足，添加饲料时要少喂勤添，每次添料不超过食槽的1/3，尽量让鸡把料槽内饲料采食完。入秋后空气湿度还比较大，要注意保存好饲料，防止发霉和变质。

4. 加强光照的管理

秋季自然光照逐渐缩短，养殖户应该及时调整开灯时间，注意保持光照时间和光照强度的恒定，以免影响产蛋。产蛋前期光照时间9小时，鸡群产蛋率5%以上时逐渐递加，每周增加0.5小时，直到产蛋中期保持光照的平稳，光照时间14~15小时，产蛋后期40周龄左右可以适当增加光照，每周最多增加不超过0.5小时，光照总长不超过16.5小时。

5. 定期消毒，特别重视呼吸道疾病的控制

定期消毒是一项不可忽视的重要工作，它可以降低舍内微生物的含量，杀灭一定数量的细菌、病毒。秋季也是各种疫病的高发期，坚持鸡舍带鸡消毒制度，一般在气温较高的中午、下午进行消毒，消毒时要面面俱到，不留死角，尤其是进风口处。消毒药交替使用，防止产生耐药性。

秋季气候多变，天气逐渐转凉，鸡群保健重点就是要及时做好疫病预防，尤其是呼吸道疾病的预防。呼吸道发生病变后轻者造成生长受阻、生产性能下降、降低经济效益；重者引发多种疾病、死淘率增加，给养殖场造成严重的损失。

秋冬季节易发的呼吸道病主要有禽流感、新城疫、传染性支气管炎、传染性喉气管炎、支原体和传染性鼻炎。要加强免疫控制。

四、冬季蛋鸡的饲养管理

冬季气温低，管理的重点是注意防寒防湿、协调保温与通风的矛盾、加强光照管理等。

1. 防寒防湿

冬季蛋鸡饲养管理重点在于鸡舍的防寒。产蛋鸡舍内温度以保持在 18～23℃ 为宜，当鸡舍温度低于 7℃ 时，产蛋量开始下降。确保舍温维持在 8℃ 以上，是鸡舍温度控制的底线。对于背部和颈部羽毛损失较多的老鸡，在低温下容易因散热过多而影响生产成绩，并有可能因此增加 15%～20% 的采食量，这种情况下有羽毛缺失的老鸡舍应尽可能维持较高的温度。

成年鸡体型较大体温较高，加上蛋鸡舍饲养密度大，一般情况下是可以维持在适宜温度范围内。但如果不能维持或在寒流来袭的情况下，采用一些保暖措施是很有必要的，可以减少因为寒冷引起的生产波动。如用保温材料封闭鸡舍四周所有门窗，或在门窗外侧加挂棉门帘等；在舍内设置取暖设备，如煤炉、火墙、火道、热风炉等；适当加大饲养密度，尽量不留空笼等。

冬季鸡舍湿度过大会增加散热，不能达到鸡舍保温的效果。因此，这种情况下就要设法保持圈舍清洁、干燥。圈舍要勤打扫，同时要控制少用水，避免舍内湿度过大不利保温。在条件允许的情况下，适当减少带鸡消毒的频率和时间。可用生石灰铺撒地面进行消毒，同时生石灰还可吸收潮气，降低圈舍湿度，但要注意控制尘土飞扬。

2. 通风换气

（1）以保温为基础，适时通风换气 冬季鸡舍要经常进行通风换气，以保证鸡舍内的空气新鲜。密闭式鸡舍可以根据舍内空气的混浊、舍内温度变化进行定时的开关风机。在舍内温度适宜的情况下，在保温的基础上，应以满足鸡只的最小呼吸量来确定风机的开启个数。在冬季鸡舍保温的过程中，应考虑到鸡舍空气质量及通风换气。种鸡舍要求氨气不超过 20 毫克/千克，二氧化碳小于 0.15%，硫化氢小于 6.6 毫克/千克。

（2）谨防贼风吹袭 冬季蛋鸡管理中还要注意直接吹到鸡身上的"贼风"，避免鸡只受到寒冷的刺激，因为寒冷是呼吸道疾病的关键诱因。

舍内的"贼风"一般来自门、湿帘、风机、粪沟等缝隙，局部风速可达到 5~6 米/秒，必须堵严以防"贼风"直吹鸡体，避免这些缝隙成为病毒的侵入口。

鸡舍前后门悬挂棉门帘；天气转冷后，在鸡舍外侧将湿帘用彩条布和塑料布缝合遮挡，以免冷空气来临对鸡群造成冷应激；对于中等规模化的鸡舍，冬季最多能用到 2 个风机，所以对冬季开启不了的风机，用专用的风机罩罩住外部，以堵塞漏洞；粪沟是很多管理者最容易忽视的地方，尤其是鸡舍的横向粪沟出粪口，若不及时堵严，易形成"倒灌风"影响通风效果，建议在出粪口安装插板，并及时堵严插板缝隙。

（3）正确协调保温与通风的矛盾 冬季容易出现的管理漏洞是只注意鸡舍的保温而忽视通风换气，这是冬季发生呼吸道疾病的又一主要原因。由于通风换气不足，很有可能造成舍内氨气浓度过大，空气中的尘埃过多。氨气浓度过大，会使呼吸道黏膜充血、水肿，失去正常的防卫机能，成为微生物理想的滋生地，而吸入气管内的尘埃又含有大量的微生物，容易发生呼吸道疾病；寒流的侵袭、鸡的感冒会使这种情况变得更为严重。所以冬季的管理中，一定要保持鸡舍内有比较稳定、适宜的温度，同时必须注意通风换气。

鸡舍的结构和通风方式，将直接决定鸡舍的通风效果。对此，饲养员应根据鸡舍的结构和外界的天气变化，灵活调整进风口大小。在中午天气较好时，应增加通风小窗开启角度，使舍内空气清新，氧气充足。通风小窗打开的角度，以不直接吹到鸡体为宜。安装风机的规模化鸡场，为使舍内污浊有害空气能迅速换成新鲜空气，应该每隔 1~2 小时开几分钟风机，或大敞门窗 2~3 分钟，待舍内换上清洁新鲜的空气后再关上门窗。

3. 加强光照管理

（1）补充光照 对于开放式鸡舍，冬季自然光照时间较短，导致光照不足，出现产蛋率下降，所以针对这样的鸡舍冬季要进行人工补充光照，以刺激蛋鸡多产蛋。补充光照的方法有早晨补、晚上补、早晚各补三种，保证光照时间每天不少于 16 小时。比较理想的补光方法是早晨补充光照，这样更符合鸡的生理特点，且每天产蛋时间可以提前。人工补充光照时还要注意一定要做到准时开关灯，不能忽早忽晚或间断，最好使用定时器。不管怎样调整光照，在每次开、关灯时都要逐步由暗到亮，由亮到暗，给鸡一个适应过程，防止鸡群产生应激。

（2）保持适宜的关照强度　适宜的光照强度利于鸡群的正常生产，产蛋期光照强度以 10 勒克斯为宜，应该注意的是，光照强度应在鸡头部的高度测定，也就是鸡的眼睛能感受到的光的强度。光照强度也可估算：即每平方米 3~5 瓦的白炽灯泡（有灯罩），灯泡要经常擦拭，保持灯泡清洁，确保光照强度均匀。

4. 建立严格的卫生消毒制度，并落实到位

鸡舍内环境消毒（带鸡消毒）是一项不可忽视的重要工作，可以降低舍内病原微生物的含量。坚持鸡舍带鸡消毒制度，一般在气温较高的中午、下午进行消毒，消毒时要面面俱到，形成雾状均匀落在笼具、鸡体表面。在带鸡消毒时不留死角，尤其是进风口处和鸡舍后部应作为消毒重点。

5. 合理调整鸡群，确保鸡群整齐度

冬季舍内气温低，合理进行鸡只分群管理是确保鸡群整齐度的关键，在日常视察鸡群过程中，将体格弱小的鸡群调整到鸡舍前侧单独饲养；确保每个笼内的鸡只调整为 4 只，并且鸡群健康程度相同。调群工作有效实施，保证鸡群密度适宜，整齐度较高。

第五节　产蛋鸡异常情况的处置

一、产蛋量突然下降的处置

一般鸡群产蛋都有一定的规律，即开产后几周即可达到产蛋高峰，持续一段时间后，则开始缓慢下降，这种趋势一直持续到产蛋结束。若产蛋鸡改变这一趋势，会出现产蛋率突然下降，此时需要及时进行全面检查生产情况，通过分析，找出原因，并采取相应的措施。

（一）产蛋量突然下降的原因

1. 气候影响

（1）季节的变换　尤其是我国北方地区四季分明，季节变化时，其温差变化也较大。若鸡舍保温效果不理想，将会对产蛋鸡群产生较大的应激影响，导致鸡群的产蛋量突然下降。

（2）灾害性天气影响　如鸡群突然遭受到突发的灾害性天气，热浪、寒流、暴风雨雪等。

2. 饲养管理不善

（1）停水或断料　如连续几天鸡群喂料不足、断水，都将导致鸡群产蛋量突然下降。

（2）营养不足或饲料骤变　饲料中蛋白质、维生素、矿物质等成分含量不足，配合比例不当等，都会引起产蛋量下降。

（3）应激影响　鸡舍内发生异常的声音，鼠、猫、鸟等小动物窜入鸡舍，以及管理人员捉鸡、清扫粪便等都可引起鸡群突然受惊，造成鸡群应激反应。

（4）光照失控　鸡舍发生突然停电，光照时间缩短，光照强度减弱，光照时间忽长忽短，照明开关忽开忽停等，这些都不利于鸡群的正常产蛋。

（5）舍内通风不畅　采用机械通风的鸡舍，在炎热夏天出现长时间的停电；冬天为了保持鸡舍温度而长时间不进行通风，鸡舍内的空气污浊等都会影响鸡群的正常产蛋。

3. 疾病因素

鸡群感染急性传染病，如鸡新城疫、传染性支气管炎、传染性喉气管炎及产蛋下降综合征等都会影响鸡群正常产蛋。此外，在蛋鸡产蛋期间接种疫苗，投入过多的药物，会产生毒副作用，也可引起鸡群产蛋量下降。

（二）预防措施

1. 减少应激

在季节变换、天气异常时，应及时调节鸡舍的温度和改善通风条件。在饲料中添加一定量的维生素等，可减缓鸡群的应激。

2. 科学光照

产蛋期间应严格遵循科学的光照制度，避免不规律的光照，产蛋期间，光照时间每天为 14~16 小时。

3. 经常检修饮水系统

应做到经常检查饮水系统，发现漏水或堵塞现象应及时进行维修。

4. 合理供料

应选择安全可靠、品质稳定的配合饲料，日粮中要求有足量的蛋白质、蛋氨酸和适当维生素及磷、钠等矿物质。同时要避免突然更换饲料。如必须更换，应当采取逐渐过渡换料法，即先更换 1/3，再换 1/2，然后换 2/3，直到全部换完。全部过程以 5~7 天为宜。

5. 做好预防、消毒、卫生工作

接种疫苗应在鸡的育雏及育成期进行，产蛋期也不要投喂对产蛋有影响的药物。及时进行打扫和清理工作，以保证鸡舍卫生状况良好。每周内进行 1~2 次常规消毒，如有疫情要每天消毒 1~2 次。选择适当的消毒剂对鸡舍顶棚、墙壁、地面及用具等进行喷雾消毒。

6. 科学喂料

固定喂料次数，按时喂料，不要突然减少喂量或限饲，同时应根据季节变化来调整喂料量。

7. 搞好鸡舍内温度、湿度及通风换气等管理

通常鸡舍内的适宜温度为 5~25℃，相对湿度控制在 55%~65%。同时应保持鸡舍内空气新鲜，在无检测仪器的条件下，以人进鸡舍感觉不刺眼、不流泪、无过臭气味为宜。

8. 注意日常观察

注意观察鸡群的采食、粪便、羽毛、鸡冠、呼吸等状况，发现问题应做到及时治疗。

二、推迟开产和产蛋高峰不达标的处置

(一) 原因

1. 鸡群发育不良、均匀度太差

主要表现如下。

(1) 胫长不够　胫长是产蛋鸡是否达到生产要求的最重要指标之一。但有很多养鸡场 (户)，因过分强调成本而不按要求饲喂合格的全价饲料，造成饲料营养不达标；忽视育雏期管理，造成雏鸡 8 周龄前胫长 (褐壳蛋鸡要求 8 周龄胫长 82 毫米) 不达标；有些饲养户育雏、育成期鸡舍面积狭小致使密度

过大，造成胫长不能达标。蛋鸡 8 周龄的胫长十分重要，有 8 周定终身之说；因上述因素造成到 20 周龄开产时，鸡群中相当数量的鸡胫长不到 100 毫米（褐壳蛋鸡正常胫长应达到 105 毫米），甚至不足 90 毫米。

（2）体重不达标，均匀度太差　均匀度差的鸡群，其产蛋高峰往往后延 2~3 周至开产后 9~10 周才出现。实践证明，鸡群均匀度每增减 3%，每只鸡年平均产蛋数相应增减 4 枚，若与 90% 和 70% 均匀度的鸡群相比，产蛋相差 20 多枚，且均匀度差的鸡群死亡率和残次率高，产蛋高峰不理想，维持时间短，总体效益差。

（3）性成熟不良　因性成熟不一致，而导致群体中产生不同的个体模式，群体中个体鸡只产蛋高峰不同，产蛋高峰不突出，而且维持时间短，产蛋率曲线也较平缓。

有上述情况的鸡群，鸡冠苍白，体重轻，羽毛缺乏光泽，营养不良；有些为"小胖墩"体型。鸡群产蛋推迟，产蛋初期软壳蛋、白壳蛋、畸形蛋增多；产蛋上升缓慢，脱肛鸡多；容易出现拉稀。剖检可见内脏器官狭小，弹性降低，卵泡发育迟缓，无高产鸡特有的内在体质。

2. 肾型传染性支气管炎后遗症

3 周内患过肾型传染性支气管炎（肾传支）的雏鸡，成年后"大肚鸡"显著增加。由于其卵泡发育不受影响，开产后成熟卵泡不能正常产出，掉入腹腔，引起严重的卵黄性腹膜炎和出现反射性的雄性激素分泌增加，使鸡群出现鸡冠红润、厚实等征候，导致大量"假母鸡"寡产或低产，经济损失严重。雏鸡使用过肾传支疫苗的鸡群或 3 周以上雏鸡发病的肾传支后遗症，明显好于未使用疫苗和 3 周内肾传支发病的雏鸡，即肾传支后遗症与是否接种疫苗和雏鸡发病日龄直接相关。实践证明，如在 1~3 周龄发生肾传支，造成输卵管破坏，形成"假母鸡"比例较高，可使母鸡成年后产蛋率降低 10%~20%；若于 4~10 周龄发生肾传支，形成的"假母鸡"将会减少，大约可使鸡群成年后产蛋降低 7%~8%；若于 12~15 周龄发生肾传支，鸡群成年后产蛋率降低 5% 左右；产蛋鸡群感染传染性支气管炎后，也会造成产蛋下降，但一般不超过 10%，而且病愈后可以恢复到接近原产蛋水平，并且很少形成"假母鸡"。

剖检：输卵管狭小、断裂、水肿。有的输卵管膨大，积水达 1 200 克以上，成为"大肚鸡"。最终因卵黄性腹膜炎导致死亡。

3. 传染性鼻炎、肿瘤病的影响

开产前患有慢性传染性鼻炎的鸡群，开产时间明显推迟，产蛋高峰上升缓慢。患有肿瘤病（马立克病、鸡白血病、网状内皮组织增生症）的鸡群，会出现冠苍白、皱缩，消瘦，长期拉稀，体内脏器肿瘤等症状，致使鸡群体质降低，无法按期开产或产蛋达不到高峰。

4. 使用劣质饲料和长期滥用药物

有些养鸡场（户）认为，后备鸡是"吊架子"，只要将鸡喂饱即可，往往不重视饲料质量、饲养密度等，造成后备鸡群发育不良。有些养鸡场（户）长期过度用药或滥用药物，甚至使用抑制卵巢发育或严重影响蛋鸡生产的药物，如氨基比林、安乃近、地塞米松、强的松等，造成鸡群不产蛋或产蛋高峰无法达到。

5. 雏鸡质量问题

因种鸡阶段性疾病问题或其他原因导致商品雏鸡先天不足，鸡群发育不良，成年后产蛋性能不佳。

6. 其他因素

蛋鸡饲养密度大，断喙不合理或不整齐，光照不合理，供水压力太低造成鸡群饮水不足，通风效果太差等管理因素，均可造成蛋鸡推迟开产或产蛋高峰达不到要求。

（二）处置措施

1. 科学管理，全价营养

为使鸡群达到或接近标准体重，采用0~6周龄饲喂高营养饲料，0~2周龄日粮中粗蛋白质保持19%~22%，2~6周龄保持17%~19%，并定期测量胫长、称重，根据育雏育成鸡胫长和体重决定最终换料时间，两项指标不达标可延长高营养饲料的饲喂时间。雏鸡因疫苗接种、断喙、转群、疾病等应激较多时，会影响鸡群正常发育，建议鸡群体重略高于推荐标准制定饲养方案较好。在日常饲养过程中，要结合疫苗接种、称重等及时调群，对发育滞后的鸡只加强饲养，保证好的体重和均匀度。雏鸡8周龄时的各项身体指标，基本决定成年后的生产水平，是整个饲养过程的重中之重。

2. 提倡高温育雏，减少昼夜温差，杜绝肾型传染性支气管炎的发生

肾传支流行地区，要杜绝肾传支发生，重点在鸡舍温度和温差的科学控制，如1日龄鸡舍温度35℃以上，然后随日龄增大逐渐降低温度，并确保昼夜温差不超3℃，基本可以杜绝肾传支的暴发。与此同时，尽管肾传支变异株多，疫苗难以匹配，但尽量选择保护率高的疫苗，进行1日龄首免、10日龄

强化免疫等科学合理的免疫程序，会极大地降低肾传支的发病率。

3. 加强对传染性鼻炎、肿瘤病的防控

做好传染性鼻炎的疫苗免疫，若有慢性传染性鼻炎存在，要及时治疗。

4. 优化进鸡渠道

杜绝因雏鸡质量先天缺陷导致的生产成绩损失。

5. 合理用药

杜绝过度用药和滥用药物，特别防止使用抑制卵巢发育、破坏生殖功能、干扰蛋鸡排卵等影响鸡生理发育和产蛋的药物或添加剂。

三、啄癖的处置

大群养鸡，特别是高密度饲养，往往会出现鸡相互啄羽、啄肛、啄趾、啄蛋等恶癖。在开产前后，经常会发生啄肛。啄羽会导致鸡着羽不良，体热散失，采食量增加和饲料转化率降低。

（一）啄斗与啄癖的信号

蛋鸡的啄斗分2种类型：攻击性啄斗和啄羽。鸡对于每种类型的啄斗都有不同的信号，为了采取恰当的措施，需要识别这些信号。啄羽经常被描述为攻击性行为，但是攻击性啄斗是正常行为，仅在鸡笼养时啄羽才可能是正常行为（表6-1）。

表6-1 攻击性啄斗和啄羽的区别

攻击性啄斗	啄羽
目标是鸡头	目标不仅是鸡头，而是整个身体
目标是群体等级较低的鸡	目标是正在安静采食或者是正在洗沙浴的鸡
羽毛有时被拔出，但是从来不被吃掉	被拔出来的羽毛经常被吃掉
频繁发生是鸡福利降低的信号	这种行为说明鸡的健康出现了问题

1. 羽毛消失

鸡每天都有羽毛掉落到地面上。如果羽毛从地面上消失，说明羽毛被鸡吃掉。这是鸡群出现啄羽问题的信号。

2. 鸡群中其他鸡对死鸡或受伤鸡表现出特有的兴趣

这也是鸡出现啄癖的重要信号。因此，应当把死鸡和受伤鸡及时清理掉。

(二) 啄癖的类型

1. 啄羽

这是最常见的互啄类型，指鸡啄食其他鸡的羽毛，特别易啄食背部尾尖的羽毛，有时拔出并吞食。主要是进攻性的鸡，啄怯弱的鸡，羽毛脱落并导致组织出血，容易使鸡受伤、被淘汰或死亡。有时，互啄羽毛或啄脱落的羽毛，啄的皮肉暴露出血后，可发展为啄肉癖。

啄羽不利于鸡的福利和饲养成本，啄羽后形成的"裸鸡"需要多采食20%的饲料来保暖。有资料显示，每减少10%的羽毛，鸡每天需要多采食4克的饲料。好动或者户外散养的"裸鸡"需要更多的饲料。

在育成鸡群中的啄羽常被低估。在成年鸡身上，经常可以看到光秃的区域，但是，对于成年鸡，只能在鸡后背观察到一些覆羽，可以通过突出的绒羽与浓密的尾羽来识别。褐壳蛋鸡比白壳蛋鸡明显，因为白色的绒羽在褐色覆羽的下面。真正的光秃区域在育成阶段比较少见，如果16周龄时有20%的母鸡绒羽可以看见，到30周龄时，鸡群中的大部分鸡会出现光秃区域。

2. 啄肛

常见于高产小母鸡群，往往始于鸡尾连接处，继续啄食直到出血。对于小母鸡啄肛，通常在小母鸡开始产蛋几天后发生，大概与其体内的激素变化有关，产蛋后子宫脱垂或产大蛋使肛门撕裂，导致啄肛。

啄肛相残是鸡福利降低的主要信号，导致鸡群损失。一旦啄肛相残在鸡群中发生，很难被消除，因此预防是主要的手段。啄肛相残是指啄食其他死鸡或活鸡的皮肤、组织或器官，泄殖腔区域和腹部器官是鸡倾向于啄食的主要部位。

3. 啄蛋

主要是饲养管理不当造成，钙磷不足等因素亦会导致啄蛋癖。

4. 啄趾

常见于家养小鸡，因饥饿导致。小鸡会因料槽太高而无法采食，胆小的鸡，因害怕进攻性强的鸡而无法接近食物，会导致啄趾。采食拥挤或小鸡找不着食物会啄自己的或相邻鸡的脚趾。

(三) 啄癖发生的原因

1. 无聊的生活环境

鸡的天性喜欢在地上觅食，如果地面上没有它们感兴趣的东西，将寻找可供它们啄食的东西。

2. 啄羽发生的原因

育成阶段缺乏垫料；日粮中缺乏维生素、矿物质或氨基酸；由红螨引起的慢性胃肠道刺激；鸡舍环境差；烦躁和应激；太强的光照强度也是啄羽发生的原因之一。

3. 啄肛相残发生的原因

母鸡产蛋时，部分泄殖腔同时翻出。有大量腹脂的母鸡产蛋时把泄殖腔翻出更多一些以及产窝外蛋的鸡翻出泄殖腔，容易被其他鸡啄肛；产蛋箱中的光线太强，产蛋时泄殖腔翻出，成为啄肛的目标；饲料中缺乏营养（蛋白质、维生素或矿物质）和受伤鸡成为相残的目标；鸡群整齐度差，体重太轻的鸡是首要的受害者。

（四）啄癖的预防

1. 适时断喙

（1）断喙前

①时间恰当。雏鸡断喙可在 1~12 周龄进行，最晚不能超过 14 周龄。对蛋用型鸡来说，最佳断喙时间是 6~10 日龄。炎热的夏季，应尽量选择在凉爽的时间断喙。

②用具合适。用于断喙的工具，主要有感应式电烙铁、剪子，最合适的工具首选电热式断喙器，方便、实用，但要注意调节好孔径，6~10 日龄使用 4.4 毫米孔径，10 日龄以上，使用 4.8 毫米孔径。

③减少应激。为减少应激，加快血液凝固，断喙前 3~5 天，应在饮水中添加 0.1% 维生素 C，在每千克饲料中添加 2 毫克维生素 K。同时，断喙应与接种疫苗、转群等工作错开，避免给雏鸡造成大的刺激。

④器械消毒。断喙器在使用前，必须认真清洗消毒，防止断喙时造成交叉感染。

（2）断喙时

①适当训练。参加断喙的工作人员，一定要认真负责、耐心细致。对于断喙的操作程序要进行适当的训练，让抓鸡、送鸡、断喙形成流畅的程序。

②动作轻柔。捉拿雏鸡时，不能粗暴操作，防止造成损伤。断喙时，左手抓住雏鸡的腿部，右手将雏鸡握在手心中，大拇指顶住鸡头后部，食指置于雏鸡的喉部，轻压雏鸡喉部使其缩回舌头，将关闭的喙部插入断喙器孔，当雏鸡喙部碰到触发器后，热刀片就会自动落下将喙切断。

③操作准确。断喙时，要求上喙切除 1/2，下喙切除 1/3。但一般情况下，对 6~10 日龄的雏鸡，多采用直切法，较大日龄的雏鸡，则采用上喙斜切、下喙直切法，直切斜切都可通过控制雏鸡头部位置达到目的。断喙后，喙的断面应与刀片接触 2 秒钟，以达到灼烧止血的目的。

④避免伤害。主要注意四点：一是不要烙伤雏鸡的眼睛，二是不要切断雏鸡的舌头，三是不要切偏、压劈喙部，四是断喙达到一定数量后应更换刀片。

（3）断喙后

①注意观察。断喙后要保持环境安静，注意观察鸡群，发现有雏鸡喙部流血时，应重新灼烧止血。

②防止感染。断喙容易诱发呼吸道疾病，故断喙后应在饮水中加入适量抗生素进行预防，可选用青霉素、链霉素、庆大霉素等，平均每只雏鸡 1 万单位，连续给药 3~5 天。也可饮用 0.01% 高锰酸钾溶液，连用 2~3 天。

③加强管理。断喙后要立即给水。断喙造成的伤口，会使雏鸡产生疼痛感，采食时碰到较硬的料槽底上，更容易引发疼痛。因此，断喙后的 2~3 天，要在料槽中增加一些饲料，防止喙部触及料槽底部碰疼切口。

④及时修整。12 周龄左右，要对第一次断喙不成功或重新长出的喙，进行第二次切除或修整。

2. 移出被啄的鸡

把被啄的鸡移走，在鸡身上喷洒一些难闻的物质，如机油、煤油等，使其他的鸡不愿再啄它，这是最简单的办法。如果不快速有效的干涉，啄羽将发展成一个严重的问题。

3. 饲养密度

这是许多啄羽的主要诱因，建议土鸡、黄杂鸡、蛋鸡在 0~4 周龄，每平方米最多不能超过 50 只，5~8 周龄每平方米不能超过 30 只，9~18 周龄每平方米不能超过 15 只，18 周龄上产蛋鸡笼养，应按笼养规格饲养密度。

4. 通风性

氨气浓度过高首先会引起呼吸系统的病症，导致鸡体不适，诱发其他病症，包括互啄。当鸡舍中氨气浓度达 15 毫克/千克时，就有较轻的刺鼻气味；当鸡舍中氨气浓度达到 30 毫克/千克时，就有较浓的刺鼻刺眼气味；当鸡舍中氨气浓度达到 50 毫克/千克时，会发现鸡只咳嗽、流泪、结膜发炎等症状。鸡舍的氨气浓度以不超过 20 毫克/千克为宜。

5. 光照强度

光照强度过强也是互啄的重要诱因，昏暗的光线可以降低啄羽和啄肛。鸡舍内光照变暗，可以使鸡变得不活跃。第 1 周鸡舍可以有 40~60 勒克斯的光照强度，产蛋期的光照强度也可达 20~25 勒克斯。其他时间不要超过 20 勒克斯的光照强度，简言之，如果灯泡离地面 2 米，灯距间隔 3 米，灯泡的功率不能超过 25 瓦/个。

尽管不知道确切的原因，但是红光可以控制啄肛。红光降低光照强度，同时降低鸡的活跃性。然而，红光和稳定的光照强度也可以使鸡变得更加具有攻击性。

6. 营养因素

在配方设计方面，为了迎合销售的需要与成本的限制，许多人已习惯做玉米-豆粕型日粮，蛋白质原料只有豆粕。据有关资料记载，如果一直使用豆粕作蛋白源，会导致鸡体内性激素（雌酮）的变化，引起啄斗，在配方中可以 2%~3% 的鱼粉加上 3%~6% 的棉粕予以防止互啄，但一定要注意将棉粕用 Φ1.5 毫米的粉碎筛粉细，以免棉壳卡堵小鸡食管；粗纤维含量太低，可能是引起互啄最常见的营养因素，而且是最容易在配方上忽略的因素，许多配方中粗纤维含量不到 2.5%。据经验，3%~4% 的粗纤维含量可以有助于减少互啄的发生，这与粗纤维能延长胃肠的排空时间有关。在一般的配方中，3%~6% 的棉粕加上 1%~3% 的统糠或 8%~15% 的洗米糠可以基本达到要求，但一定不能忘记需要添加 1%~3% 的油脂，否则，代谢能达不到要求；氨基酸特别是含硫氨基酸的不足也是引起互啄的原因之一。那么，到底需要多少氨基酸呢？建议在设计配方时，0~2 周龄饲料中蛋氨酸含量 0.4%，含硫氨基酸大于 0.78%，2~6 周龄蛋氨酸含量应大于 0.3%，含硫氨基酸大于 0.7%，这是防止互啄的基本量；至于钙磷等矿物质及其他微量元素和盐的设计，一般不会缺乏，由于它们的缺乏而引起互啄情况很少见；某些维生素的缺乏（如维生素 B_1、B_6 等）也会引起互啄，许多厂家在设计配方时往往添加有足够量的维生素，最终饲料中缺乏维生素很大程度上是与维生素的贮存与使用方法不当有关。例如，在夏季，未用任何降温设施贮存饲料两三个月以上，与氯化胆碱、微量元素、酸化剂、抗氧化剂和防霉剂等物质混合后而不及时使用，使得维生素大量被破坏而引起互啄。

7. 笼养饲喂

有条件的，将地面栏养移至笼养系统，可减少啄羽。笼养鸡的啄羽较少发

153

展为互啄；在笼养系统中，阶梯型的比重叠型的互啄率高，可能是前者光照强度较高的缘故。

8. 改变粒型

颗粒料比粉状料更易引起互啄，所以，在蛋鸡料中，宜做成粉状饲料而非颗粒料，并提供足够量的高纤维原料。

9. 预防啄羽

首先，要确保顺利转群，不能让已经适应黑暗的鸡群突然进入光照充足的鸡舍。转群前后，开灯和关灯的时间、饲喂规律等要保持不变。

其次，雏鸡阶段，尽可能地让鸡在纸上或料盘里吃料。要提供干燥和疏松的垫料或可供挖刨的干草，以转移母鸡的注意力。定期撒谷粒或粗粮以吸引鸡的注意力，悬挂绳子、啄食块、玉米棒、草等，定期给它们一些新鲜的玩具。

另外，要严格防控螨虫。

（五）啄癖的处置

1. 啄羽的应对

①检查饲料中的营养水平，提供额外的维生素和矿物质。

②调暗光线或使用红光灯。

③如果在垫料上饲养的鸡群情况越来越差，尝试使用鸡眼罩（眼镜）。但从动物福利角度来说，不推荐使用这种方法。

2. 啄肛相残的应对

①每天移除弱鸡、受惊吓的鸡、受伤鸡和死鸡。

②控制蛋重，因为产大蛋会引起泄殖腔出血。

③调暗光线或使用红光灯。

④提供像啄食块和粗粮等可以啄食的东西。

⑤如果啄肛与饲料有关，告诉饲料供应商，如果有必要，要求他们运送新的饲料。

3. 给鸡佩戴眼罩

断喙会给鸡造成极大的痛苦。为了减轻鸡的痛苦，可以给鸡戴眼罩，防止发生啄癖。

鸡眼罩又叫鸡眼镜，是用佩戴在鸡的头部遮挡鸡眼正常平视光线的特殊材料。使鸡不能正常平视，只能斜视和看下方，防止饲养在一起的鸡群相互打架，相互啄毛、啄肛、啄趾、啄蛋等，降低死亡率，提高养殖效益。

开始配戴鸡眼罩时，先把鸡固定好，先用一个牙签或金属细针在鸡的鼻孔里用力扎一下并穿透，如有少量出血，可用酒精棉擦拭。左手抓住鸡眼镜突出部分向上，插件先插入鸡眼镜右孔后对准鸡鼻孔，右手用力穿过鸡鼻孔，最后插入镜片左眼，整个安装过程完毕。

四、异常鸡蛋的产生与处置

笼养系统中异常蛋更多是一个误解。在笼养系统中，可以收集所有的鸡蛋，但在地面平养系统中，仅收集产在产蛋箱和垫料上的鸡蛋。地面平养系统中的一些异常鸡蛋和薄壳蛋不产在产蛋箱中，因此它们不被注意，没有算入异常鸡蛋中。

（一）蛋鸡的产蛋节律

卵黄从卵巢排卵 24~26 小时后，母鸡到产蛋箱中产蛋；如果排卵后 4 个小时就产蛋，产下的鸡蛋为薄壳蛋，且母鸡不到产蛋箱中产蛋；如果母鸡的输卵管中没有鸡蛋，母鸡也会按时卧在产蛋箱里；如果母鸡排卵长达 28 小时后才产蛋（产蛋延迟 4~6 小时），蛋壳就会有多余的钙斑，尽管没有产蛋，母鸡还会按时卧在产蛋箱中，之后，母鸡就在它所在的地方产蛋，因为当时母鸡不需要找产蛋箱。因此，一般只会在笼养系统或垫料中发现这些异常鸡蛋。对于褐壳蛋鸡，很容易通过在鸡蛋一侧的白色环状钙斑而识别这些产蛋延迟的鸡蛋，而对于白壳鸡蛋，因为很难看清白色钙斑，所以很难注意到这些鸡蛋。

（二）常见的异常蛋

1. 薄壳蛋、软壳蛋

任何情况下的薄壳蛋、软壳蛋都是比较难发现的，地面平养系统中，在鸡栖息的棚架下面的鸡粪中可能有薄壳蛋、软壳蛋。笼养系统中，因有其他鸡的阻挡，薄壳蛋、软壳蛋不能顺利地滚落，经常卡在鸡笼的底部。因此，要仔细检查鸡笼的下面或者棚架下面的鸡粪。

薄壳蛋、软壳蛋缺少了大部分蛋壳的原因：如果母鸡开始产蛋较早，在产蛋早期，快速连续的排卵，使蛋壳形成之前就产蛋。输卵管分泌的钙质赶不上快速连续的卵黄形成。薄壳蛋和软壳蛋也可能由高温或疾病（如产蛋下降综合征）等因素引起。

2. 砂壳蛋

局部粗糙，经常在鸡蛋的钝端，可能由传染性支气管炎病毒感染引起，这种情况下鸡蛋的内容物水样。请注意：症状取决于鸡的种类，但是蛋壳将会增厚，鸡蛋的内部质量没有问题。

鸡蛋的尖端比较粗糙且蛋壳较薄，与鸡蛋的健康部分有明显的分界。原因是：繁殖器官感染特殊的滑液囊支原体。

3. 脆壳蛋

产蛋后期，蛋重较大，该种鸡蛋的蛋壳脆弱。此时要及时调整饲料中的钙含量，额外添加钙。确保在天黑之前喂好母鸡，因为蛋壳主要在晚上沉积。薄壳蛋也可能是母鸡的饲料摄入量出现问题（疾病或高温）而引起。

4. 环状钙斑蛋

有环状钙斑的鸡蛋比正常产蛋时间晚产 6~8 个小时，可在地面或棚架上的任何地方发现这样的鸡蛋，因为母鸡产蛋时正好待在那里。

有时会意外地在褐壳蛋鸡下遇到白壳蛋。这可能是因饲料中残留的抗球虫药（尼卡巴嗪）引起，即使微量的抗球虫药也可以导致白壳蛋，抗球虫药可以杀死受精鸡蛋中的胚胎。白壳蛋的另外原因是感染传染性支气管炎、火鸡鼻气管炎和新城疫。

5. 脊状壳蛋

鸡蛋出现脊状蛋壳，可能的原因是蛋鸡遭受应激。

(三) 引起蛋壳异常的常见因素

1. 产蛋之前的因素引起的蛋壳异常

鲜蛋的外部质量指标有蛋重、颜色、形状、蛋壳的强度和洁净度等。从鸡蛋的外面可以知道很多，鸡蛋的裂缝和破碎经常与笼底或者集蛋传送带出现的问题有关，有缺陷或者脏的蛋壳与母鸡的健康状况、饲料的成分和产蛋箱的污物或者笼底的鸡粪有关。

①鸡蛋的形状各不相同，是由母鸡的遗传特性决定的，与疾病或者饲养管理无关。

②鸡蛋上有钙斑，引起钙斑的原因很多。

③鸡蛋顶部呈脊状，是与产蛋过程中遭遇应激有关。

④脊状蛋壳，由传染性支气管炎引起。

⑤在蛋壳形成过程中，母鸡沉郁也会导致蛋壳破裂。

⑥砂壳蛋，有多种原因引起，例如，传染性支气管炎，也可能与鸡的品种有关。

⑦畸形蛋（细长鸡蛋），是因输卵管中同时有 2 个鸡蛋在一起，这与疾病有关，主要由母鸡的遗传特性引起。

2. 产蛋之后引起的蛋壳异常的因素

血斑蛋蛋壳上的血迹来源于损伤的泄殖腔，因鸡蛋太重或者啄肛导致泄殖腔损伤。

灰尘环是由鸡蛋在肮脏的地面滚动时造成的，在鸡笼和产蛋箱中的灰尘也可引起灰尘环。另外，确保鸡蛋滚到集蛋带上时的蛋壳干燥，也可以用一个鸡蛋保护器保持鸡蛋干燥，并使鸡蛋缓慢滚落到鸡蛋带上，这样灰尘就不会沾到蛋壳上。当然，鸡蛋不能在鸡舍中放置太久，定期清理鸡蛋带。

产蛋时，鸡蛋温度是38℃，且无气室；产蛋后，鸡蛋的温度骤降到20℃左右，鸡蛋的内容物收缩，空气通过蛋壳的气孔被吸收到鸡蛋内，就形成了气室。

但是，刚产后蛋壳很脆弱，少量的蛋壳会被吸到鸡蛋里。鸡蛋上的小孔多是由破旧的鸡笼引起的，当鸡蛋落下时笼子损坏鸡蛋的尖端。

鸡蛋上的鸡粪可能是肠道疾病导致母鸡排稀薄鸡粪的结果；湿的鸡粪也可能是由于不正确的饲料配方引起；如果使用可滚动的产蛋箱，需要检查产蛋箱驱动系统，如果该系统不能正常工作或关闭太迟，鸡蛋被脏的产蛋箱底板污染。如果使用人工鸡蛋的产蛋箱，一定要保证产蛋箱清洁干净。

（四）蛋壳的裂缝和破裂

产蛋后不久，鸡蛋即可能被损坏，鸡蛋上出现破裂、发丝裂缝、凹陷或小洞。损坏的原因如下。

①观察损坏的位置和性质。鸡蛋的尖端或钝端的小洞说明产蛋时鸡蛋大力撞击了底板，这也说明鸡笼中钢丝板已陈旧或太坚硬，或者产蛋箱中有凸起；鸡蛋的一侧有裂缝和破裂，说明当鸡蛋从鸡笼或产蛋箱滚落到鸡蛋带的过程中，或者在运输过程中，鸡蛋被损坏。

②从母鸡到集蛋台，仔细检查鸡蛋的生产过程。鸡蛋是否轻轻地滚动，它们之间是否会相互滚动撞击，鸡蛋带之间的过渡是否是一条直线。鸡蛋带上的鸡蛋越多，鸡蛋越容易产生裂缝和破裂。因此，要确保经常收集鸡蛋，至少1天2次。鸡蛋带运行的速度太快且不停地打开和关闭，使鸡蛋相互碰撞也容易产生裂缝和破裂。鸡蛋带最好要缓慢运行，而非快速运行和频繁开关。

③每个系统都有可能造成鸡蛋损坏。例如，在地面平养系统中，如果95%的鸡蛋都在鸡蛋带的同一个地方，被破坏的概率将增大。这是由母鸡喜欢在相对固定的产蛋箱产蛋导致。应对措施是，让鸡蛋带多运行几次，使鸡蛋的分布均匀。在笼养系统中，受惊吓的母鸡突然飞起来，或者四处乱蹦，也可能

会导致鸡蛋的裂缝和破裂。如果这种情况发生，找到惊吓母鸡的原因，例如，是鸡舍中有野鸟，还是金属部件上有电流。

④太多的鸡蛋堆积在一起，鸡蛋的一侧将会被压损坏。

⑤有时，鸡蛋的裂缝和破裂也经常发生在产蛋末期。在产蛋末期，可能由于饲料中缺乏钙，鸡蛋的蛋壳变得比较脆弱。

⑥错误地放置鸡蛋（横放在鸡蛋托盘上）将会造成托盘中的鸡蛋破裂，这不仅仅是鸡蛋的损失，打碎的鸡蛋也可能会污染托盘中的其他鸡蛋，产生臭鸡蛋的味道。放置鸡蛋时，要尖端向下，气室向上。气室部位是最脆弱的，在运输过程中避免气室承载整个鸡蛋的重量，另外，鸡蛋尖端向下放置时，蛋黄的位置处在鸡蛋的正中间。

在蛋鸡养殖中，如果在生产的最后阶段中鸡蛋被磕坏，这完全是投资的浪费。因此，对纸托盘或者塑料托盘的少量投资是值得的。尽管塑料托盘的投资成本高，但是有持久耐用的优点。用蛋筐运送鸡蛋会产生很多不必要的磕裂和损坏（破损率高达20%），用托盘运输鸡蛋的破损率仅为2%。另外，塑料托盘容易清洁，比重新利用纸托盘更卫生。而且大部分鸡蛋加工过程都是自动的，纸托盘不适于这一加工过程。因此，塑料托盘越来越流行。

第七章　蛋鸡疫病防控技术

第一节　蛋鸡养殖全程疫病防控

中小型规模蛋鸡场的一个特点就是集约化饲养，这样对疫病预防，特别是对传染病的免疫防治就显得尤为重要。否则一旦引起鸡病的发生与流行，将给饲养者造成极大的经济损失。能否做好传染病的预防工作，是蛋鸡饲养成败的关键。

鸡病的免疫防控是一项复杂的综合性工程，它的目的是要采取各种措施和方法，保证蛋鸡免遭疾病侵害，尤其是传染病的感染。涉及鸡场建设、环境净化、饲养管理、卫生保健等各个环节。蛋鸡疫病的基本特点是鸡群之间直接接触传染或间接地通过媒介物相互传染，根据传染病发生与流行的特点，及时掌握流行的基本条件和影响因素，针对鸡病采取综合免疫防控措施，可以有效地控制疫病的发生和流行。

一、搞好蛋鸡养殖全程疫病防控

①采取按区或按栋全进全出制的饲养制度；同一饲养场所内不得混养不同类的畜禽，或者将宠物、禽鸟、其他畜禽产品带进养殖场内。

②聘任与生产规模相适应的管理人员和技术人员，使用消毒药品对鸡舍、饲喂器械、其他用品、人员、养殖环境以及产蛋鸡的日常消毒和不定期消毒；消毒药品严禁使用酚类和醛类消毒剂，消毒的重点和方式如下。

1）环境消毒　鸡舍周围环境每2周用2%的火碱液消毒或撒生石灰1次；场周围及场内污染池、排粪坑、下水道出口，每1~2个月用漂白粉消毒1次。在大门口设消毒池，使用2%火碱、来苏儿或新洁尔灭溶液，消毒液至少1周更换1次。鸡舍门口设消毒盆，使用碘类消毒液，所用消毒液至少每2天更换1次。

2）人员消毒　工作人员进入生产区要更换经过消毒的专用工作服、工作鞋，戴口罩，并在紫外线灯下消毒10分钟以上。

3）鸡舍消毒　进鸡或转群前将鸡舍彻底清扫干净，然后用高压水枪冲洗，用0.1%的新洁尔灭或4%来苏水或0.2%过氧乙酸、次氯酸盐、碘伏等消毒液全面喷洒，然后关闭门窗，再用福尔马林熏蒸消毒，熏蒸后至少密闭3天。熏蒸消毒的浓度要依本场及周围疫病流行情况而确定。

4）用具消毒　定期对蛋箱、蛋盘、喂料器等用具进行消毒，可先用0.1%新洁尔灭或0.2%~0.5%过氧乙酸消毒，然后在密闭的室内用福尔马林二级熏蒸消毒30分钟以上。

5）带鸡消毒　定期进行带鸡消毒，有利于减少环境中的微生物和空气中的可吸入颗粒物；常用于带鸡消毒的消毒药有0.3%过氧乙酸、0.1%新洁尔灭、0.1%的次氯酸钠等；带鸡消毒要在鸡舍内无鸡蛋的时候进行，以免消毒剂喷洒在鸡蛋表面。

③购进的鸡苗或半成品鸡，要附有产地检疫证明、动物检疫合格证明和运输工具消毒和无特定动物疫病的证明；外购鸡进入场区时，应先进行检疫消毒，到场后二次消毒。

④从事生产的饲养、管理人员应身体健康，并定期进行体检；进入生产区应消毒，更换场区清洗和消毒的工作服和工作鞋。

⑤鸡舍的疫病预防、疫病监测、疫病控制和净化执行NY/T 473—2016规定；每日粪便应杀虫卵、灭菌和消毒，及时清运至指定地点无害化处理，符合GB 18596—2001的要求，病死或淘汰鸡的尸体执行农业农村部关于印发《病死及病害动物无害化处理技术规范》（2017版）的规定。

⑥做好日常消毒、保健、预防工作，减少常见疾病发生；疑似病鸡立即转入隔离区饲喂，并做好每日消毒。

⑦蛋鸡场应根据《中华人民共和国动物防疫法》及其配套法规的要求，结合当地实际情况，科学制定免疫程序。

⑧蛋鸡场常规免疫疫病应包括：马立克氏病、新城疫、鸡痘、传染性法氏囊病、传染性支气管炎和产蛋下降综合征；除上述疫病外，还可根据当地实际情况，选择其他一些必要的疫病进行免疫接种。

二、加强科学饲养管理

重视家禽饲养管理的各个环节，这对于培育健康鸡群，增强鸡的抗病能力作用很大。

（一）合理配制日粮，保持良好的营养状况

根据家禽生长发育和生产性能合理配制日粮，确保家禽获得全面、充足的营养。健康、体壮的鸡群直接影响家禽的生长发育，也是对疫苗接种产生良好免疫反应的基础。疫苗接种后要产生高水平的抗体，不仅要注意饲料各营养成分、品种、生产阶段、季节需要量等发生改变，更要注意维生素（如维生素 A、E、D）与微量元素（如硒、锗）。因为它们与鸡体的免疫系统发育及疫苗产生的免疫应答关系最密切，同时也要防止饲料中毒素（如黄曲霉、药物、毒物）的存在。确保家禽日粮营养全价，保证家禽机体具备接种疫苗的免疫应答能力，提高机体免疫机能。

（二）加强管理减少应激，创造良好的环境

理想的鸡舍环境是减少疾病，培育健康鸡群，提高生产性能最有效的办法之一，而现代养禽生产中各种环境因素引起的应激，与鸡病防治关系越来越密切。引起应激的环境因素常分两大类：一类静态环境因子的变化，包括营养、温度、湿度、密度、光照、空气成分、饮水成分不合格，也包括有害兽、昆虫、疾病的侵袭；另一类是生产管理措施，如转群、断喙、接种疫苗、选种、检疫、运输、更换饲料、维修设备等。日常饲养管理是预防应激的最重要一环，日常饲养管理主要包括温度控制、通风换气、饲料和饮水供应、清洁卫生等各项工作。冬季保温、夏季防暑、春秋两季注意气温骤变，加强通风换气，疏通舍内有害气体。育雏阶段"五防"：防寒、防潮、防挤压、防疫病、防脏；喂料要定时、定量、定质；饲养人员要"四勤"：勤观察、勤检查、勤清扫、勤消毒；合理安排光照时间、光照强度；及时维修与清扫料槽、水槽等。

三、检疫

检疫是指用各种诊断方法对禽类及其产品进行疫病检查，及时发现病禽，采取相应措施，防止疫病的发生和传播。作为鸡场，检疫的主要任务是杜绝病鸡入场，对本场鸡群进行监测，及早发现疫病，及时采取控制措施。

（一）引进鸡群和种蛋的检疫

从外面引进雏鸡或种蛋时，必须了解该种鸡场或孵化场的疫情和饲养管理情况，要求无垂直传播的疾病如鸡白痢、霉形体病等。有条件的进行严格的血清学检查，以免将病带入场内。进场后严格隔离观察，一旦发现疫情，立即进行处理。只有通过检疫和消毒，隔离饲养 20~30 天确认无病才准进舍。

（二）平时定期的检疫与监测

对危害较大的疫病，根据本场情况应定期进行监测。如常见的鸡新城疫、产蛋下降综合征可采用血凝抑制试验检测鸡群的抗体水平；马立克氏病、传染性法氏囊病、禽霍乱采用琼脂扩散试验检测；鸡白痢可采用平板凝集法和试管凝集法进行检测。种鸡群的检疫更为重要，是鸡群净化的一个重要步骤，如对鸡白痢的定期检疫，发现阳性鸡只立即淘汰，逐步建立无白痢的种鸡群。除采血进行监测之外，有实验室条件的，还可定期对网上粪便，墙壁灰尘抽样进行微生物培养，检查病原微生物的存在与否。

（三）有条件的可对饲料、水质和舍内空气监测

每批购进的饲料，除对饲料能量、蛋白质等营养成分检测外，还应对其含沙门氏菌、大肠杆菌、链球菌、葡萄球菌、霉菌及其有毒成分检测；对水中含细菌指数的测定；对鸡舍空气中含氨气、硫化氢和二氧化碳等有害气体浓度的测定等。

四、必要的药物预防

在我国饲养环境条件下，免疫和环境控制虽然是预防与控制疾病的主要手段，但在实际生产中，还存在着许多可变因素，如季节变化、转群、免疫等因素容易造成鸡群应激，导致生产指标波动或疾病的暴发。因此在日常管理中，养殖户需要通过预防性投药和针对性治疗，以减少条件性致病原的发生或防止继发感染，确保鸡群高产、稳产。

（一）用药目的

1. 预防性投药

当鸡群存在以下应激因素时需预防性投药。

（1）环境应激　季节变换，环境突然变化，温度、湿度、通风、光照突然改变，有害气体超标等；

（2）管理应激　包括限饲、免疫、转群、换料、缺水、断电等；

（3）生理应激　雏鸡抗体空白期、开产期、产蛋高峰期等。

2. 条件性疾病的治疗

当鸡群因饲养管理不善，发生条件性疾病时，如大肠杆菌病、呼吸道疾病、肠炎等，及时针对性投放敏感药物，使鸡群在最短时间内恢复健康。

3. 控制疾病的继发感染

任何疫病均会促使应激加重，还可诱发其他疾病同时发生。如鸡群发生病

毒性疾病、寄生虫病、中毒性疾病等，易造成抵抗力下降，容易继发条件性疾病，此时通过预防性药物，可有效降低损失。

（二）药物的使用原则

1. 预防为主、治疗为辅

要坚持预防为主的原则。制定科学的用药程序，搞好药物预防、驱虫等工作。有的传染病只能早期预防，不能治疗，要做到有计划、有目的适时使用疫（菌）苗进行预防，及时搞好疫（菌）苗的免疫注射，搞好疫情监测。尽量避免蛋鸡发病用药，确保鸡蛋健康安全、无药物残留。必要时可添加作用强、代谢快、毒副作用小、残留最低的非人用药品和添加剂，或以生物制剂作为治病的药品，控制疾病的发生发展。

要坚持治疗为辅的原则。确需治疗时，在治疗过程中，做到合理科学用药，对症下药，适度用药，只能使用通过认证的兽药和饲料厂生产的产品，避免产生药物残留和中毒等不良反应。尽量使用高效、低毒、无公害、无残留的"绿色兽药"也不得滥用。

2. 确切诊断，正确掌握适应症

对于养鸡生产中出现的各种疾病要正确诊断，了解药理，及时治疗，对因对症下药，标本兼治。目前养鸡生产中的疾病多为混合感染，极少是单一疾病，因此用药时要合理联合用药，除了用主药，还要用辅药，既要对症，还要对因。

对那些不能及时确诊的疾病，用药时应谨慎。由于目前鸡病太多、太复杂，疾病的临床症状、病理变化越来越不典型，混合感染，继发感染增多，很多病原发生抗原漂移、抗原变异，病理材料无代表性，加上经验不足等原因，鸡群得病后不能及时确诊的现象比较普遍。在这种情况下应尽量搞清是细菌性疾病、病毒性疾病、营养性疾病还是其他原因导致的疾病，只有这样才能在用药时不会出现较大偏差。在没有确诊时用药时间不宜过长，用药 3~4 天无效或效果不明显时，应尽快停（换）药。

3. 适度剂量，疗程要足

剂量过小，达不到预防或治疗效果；剂量过大，造成浪费、增加成本、药物残留、中毒等；同一种药物不同的用药途径，其用药剂量也不同；同一种药物用于治疗的疾病不同，其用药剂量也应不同。用药疗程一般 3~5 天，一些慢性疾病，疗程应不少于 7 天，以防复发。

4. 用药方式不同，其方法不同

饮水给药要考虑药物的溶解度、鸡的饮水量、药物稳定性和水质等因素，给药前要适当停水，有利于提高疗效；拌料给药要采用逐级稀释法，以保证混合均匀，以免局部药物浓度过高而导致药物中毒。同时注意交替用药或穿梭用药，以免产生耐药性。

5. 注意并发症，有混合感染时应联合用药

现代鸡病的发生多为混合感染，并发症比较多，在治疗时经常联合用药，一般使用两种或两种以上药物，以治疗多种疾病。如治疗鸡呼吸道疾病时，抗生素应结合抗病毒的药物同时使用，效果更好。

6. 根据不同季节，日龄与发育特点合理用药

冬季防感冒、夏季防肠道疾病和热应激。夏季饮水量大，饮水给药时要适当降低用药浓度；而采食量小，拌料给药时要适当增加用药浓度。育雏、育成、产蛋期要区别对待，选用适宜不同时期的药物。

7. 接种疫苗期间慎用免疫抑制药物

鸡只在免疫期间，有些药物能抑制鸡的免疫效果，应慎用。如磺胺类、四环素类、甲砜霉素等。

8. 用药时辅助措施不可忽视

用药时还应加强饲养管理，许多疾病是因管理不善造成的条件性疾病，如大肠杆菌病、寄生虫病、葡萄球菌病等，在用药的同时还应加强饲养管理，搞好日常消毒工作，保持良好的通风，适宜的密度、温度和光照，这样才能提高总体治疗疗效。

9. 根据养鸡生产的特点用药

禽类对磺胺类药的平均吸收率较其他动物要高，故不宜用量过大或时间过长，以免造成肾脏损伤。禽类缺乏味觉，故对苦味药、食盐颗粒等照食不误，易引起中毒。禽类有丰富的气囊，气雾用药效果更好。禽类无汗腺用解热镇痛药抗热应激，效果不理想。

10. 对症下药的原则

不同的疾病用药不同，同一种疾病也不能长期使用同一种药物进行治疗，最好通过药敏试验有针对性的投药。

同时，要了解目前临床上常用药和敏感药。目前常用药物有抗大肠杆菌、沙门氏菌药、抗病毒药、抗球虫药等。选择药物时，应根据疾病类型有针对性

使用。

(三) 正确使用饲料添加剂

鱼粉蛋白是蛋鸡饲养过程中较好的蛋白来源,对蛋鸡的产蛋率和鸡蛋品质均具有积极的影响。但是,大部分鱼粉是用淡水养殖鱼虾加工后的下脚料和小杂鱼等制成,而在淡水养殖过程中,氟苯尼考、恩诺沙星等抗菌药物是允许使用,鱼粉中抗菌药物的残留会导致鸡蛋中抗菌药物残留,导致鸡蛋产品药物残留超标。

蛋鸡产蛋期使用的鱼粉,需要严格进行恩诺沙星、氟苯尼考、磺胺类等常用抗菌药物的检测,确保鱼粉中不含产蛋期不允许使用的抗菌药物。

饲料原料应符合中华人民共和国农业农村部第 1773 号公告和中华人民共和国农业农村部第 2634 号公告的规定。使用的饲料不得添加抗生素以及化学合成类的抗微生物药物,不应使用霉败、变质、生虫或被污染的饲料。严格执行农业农村部第 194 号公告,2020 年 7 月 1 日起全面禁止促生长药物饲料添加剂。

(四) 常用的给药途径及注意事项

1. 拌料给药

给药时,可采用分级混合法,即把全部的用药量拌加到少量饲料中 (俗称"药引子"),充分混匀后再拌加到计算所需的全部饲料中,最后把饲料来回折翻至少 5 次,以达到充分混匀的目的。

拌料给药时,严禁将全部药量一次性加入所需饲料中,以免造成混合不匀而导致鸡群中毒或部分鸡只吃不到药物。

2. 饮水给药

选择可溶性较好的药物,按照所需剂量加入水中,搅拌均匀,让药物充分溶解后饮水。对不容易溶解的药物可采用适当加热或搅拌的方法,促进药物溶解。

饮水给药方法简便,适用于大多数药物,特别是能发挥药物在胃肠道内的作用;药效优于拌料给药。

3. 注射给药

分皮下注射和肌内注射两种方法。药物吸收快,血药浓度迅速升高,进入体内的药量准确,但容易造成组织损伤、疼痛、潜在并发症、不良反应出现迅速等,一般用于全身性感染疾病的治疗。

但应当注意,刺激性强的药物不能做皮下注射;药量多时可分点注射,注射后最好用手对注射部位轻度按摩；多采用腿部肌内注射，肌注时要做到轻、稳，不宜太快，用力方向应与针头方向一致，勿将针头刺入大腿内侧，以免造成瘫痪或死亡。

4. 气雾给药

将药物溶于水中，并用专用的设备进行气化，通过鸡的自然呼吸，使药物以气雾的形式进入体内。适用于呼吸道疾病给药；对鸡舍环境条件要求较高；适合于急慢性呼吸道病和气囊炎的治疗。

因呼吸系统表面积大，血流量多，肺泡细胞结构较薄，故药物极易吸收。特别是可以直接进入其他给药途径不易到达的气囊。

五、免疫预防

制订科学的免疫程序，定期接种疫（菌）苗，增强蛋鸡产生特异性抵抗力，这也是综合性防治措施的一部分。

六、隔离和消毒

严格执行消毒制度，杜绝一切传染源是确保鸡群健康、防止生产性能低下的一项重要措施。随着鸡场建场时间的不断增加和实行高度集约化的饲养，自身的污染将会日趋严重，鸡场内部和外部环境之间的疾病传播也会大大增加，使得疫病很难防治。所以，这就要求鸡场内、外的卫生防疫消毒必须严格而周密，稍有疏忽，就会造成疾病发生，进而造成鸡场生产经营的重大损失。对此，要制订一套完整的消毒、卫生防疫程序和措施，与兽医防疫制度配合使用，要求全场干部职工认真贯彻执行。

鸡的疾病一般是通过两种途径传播，一种方式是鸡与鸡之间的传播称为水平传播，这种传播包括病鸡、被污染的饲料、垫草、饮水、空气、老鼠、鸟类、人等传播。另一种方式是母鸡通过鸡蛋将病原体传播给子代，称之为垂直传播。这些疾病包括鸡白痢、霉形体等。鸡场消毒，就是通过消毒的方式，切断病源的传播途径、消除病原微生物，达到防病目的。

七、药物残留控制

根据最新的风险评估结果，如果需要保证初生蛋中无抗菌药物的残留，需要在蛋鸡理论开产期的前 50 天停止使用各类抗菌药物。

雏鸡、距离理论开产期前 50 天的育成鸡，药物的使用可以参照肉鸡相关标准 NY/T 5030—2016 执行，产蛋期以及蛋鸡理论开产前的 50 天停止使用各类抗生素，建议采用中兽药进行相关疾病的防治。

中兽药制剂购买和使用应符合 NY/T 5030—2016 规定，其质量应符合《中华人民共和国兽药典》要求；购买中药制剂时选择正规的生产厂家，并进行中药质量监控，防止中药中隐性添加的化学药物成分影响产品质量安全；微生态制剂应符合《饲料添加剂品种目录》的规定。

第二节　常见病毒病的防控

一、鸡新城疫

鸡新城疫是由新城疫病毒（属副黏病毒）引起的一种急性、高度接触性传染病。农业农村部将其列为二类动物疫病。

（一）发病情况

幼雏和中雏易感性最高，两年以上鸡易感性较低。本病的主要传染源是病鸡以及在流行间歇期的带毒鸡，受感染的鸡在出现症状前 24 小时，就可由口、鼻分泌物和粪便排出病毒。而痊愈鸡带毒排毒的情况则不一致，多数在症状消失后 5~7 天就停止排毒。被病毒污染的饲料、饮水和尘土经消化道、呼吸道或结膜传染易感鸡。

本病一年四季均可发生，但以冬春寒冷季节较易流行。本病在易感鸡群中呈毁灭性流行。发病率和病死率可达 95% 甚至更高。近年来，由于免疫程序不当，或有其他疾病存在，抑制鸡新城疫抗体的产生，常引起免疫鸡群发生非典型新城疫。一旦在鸡群建立感染，通过疫苗免疫的方法无法将其从鸡群中清除，而在鸡群内长期维持，当鸡群的免疫力下降时，就可能表现出症状。

（二）临床症状与病理变化

本病的潜伏期为 2~14 天，平均 5~6 天。发病的早晚及症状表现依病毒的毒力、宿主年龄、免疫状态、感染途径及剂量、有无并发感染、环境因素及应激情况而有所不同。根据病程长短和病势缓急可分为最急性型、急性型、亚急性型或慢性型。根据鸡症状和病变是否典型分为典型新城疫和非典型新城疫。

1. 典型新城疫

（1）最急性型　突然发病，常无明显症状而迅速死亡。多见于流行初期和雏鸡。

（2）急性型　最常见。

①病初体温升高达43~44℃，食欲减退或废绝，精神委顿，垂头缩颈，眼半闭，状似昏睡，鸡冠及肉髯渐变暗红色或紫黑色。有的病鸡还出现神经症状，如翅、腿麻痹，头颈歪斜或后仰。

②产蛋鸡产蛋量下降，畸形蛋增多。

③随着病程的发展，病鸡咳嗽、呼吸困难，有黏液性鼻漏，常伸头，张口呼吸，并发出"咯咯"的喘鸣声。

④口角常流出大量黏液，为排出此黏液，病鸡常作摇头或吞咽动作。病鸡嗉囊内充满液体内容物，倒提时常有大量酸臭的液体从口内流出。

⑤粪便稀薄，呈黄绿色或黄白色，后期排蛋清样的粪便。

（3）亚急性或慢性　初期症状与急性型相似，不久后渐见减轻，但同时出现神经症状，患鸡翅腿麻痹，跛行或站立不稳，头颈向后或向一侧扭转。有的病鸡貌似正常，但受到惊吓时，突然倒地抽搐，常伏地旋转，数分钟后恢复正常。病鸡动作失调，反复发作，最终瘫痪或半瘫痪，一般经10~20天死亡。此型多发生于流行后期的成年鸡，病死率较低。但生产性能下降，慢性消瘦，有些病鸡因不能采食而饿死。

当非免疫鸡群或严重免疫失败鸡群受到速发型嗜内脏型和速发型肺脑型毒株攻击时，可引起典型新城疫暴发。

典型新城疫的主要病变为全身黏膜、浆膜出血和坏死，尤其以消化道和呼吸道最为明显。

最急性型：由于发病急骤，多数没有肉眼可见的病变，个别死鸡可见胸骨内面及心外膜上有出血点。

急性型：病变比较特征，口腔中有大量黏液和污物，嗉囊内充满多量酸臭液体和气体，在食管与腺胃和腺胃与肌胃交界处常见有条状或不规则出血斑，腺胃黏膜水肿，其乳头或乳头间有明显的出血点，或有溃疡和坏死，这是比较典型的特征性病变。肌胃角质层下也常见有出血点，有时形成溃疡。由小肠到盲肠和直肠黏膜有大小不等的出血点，肠黏膜上有纤维素性坏死性病灶，呈"岛屿状"凸出于黏膜表面，其上有的形成假膜，假膜脱落后即成溃疡，这亦是新城疫的一个特征性病理变化。盲肠扁桃体常见肿大、出血和坏死（枣核样坏死）。严重者肠系膜及腹腔脂肪上可见出血点。喉头、气管内有大量黏液，甚至形成黄色干酪样物，并严重出血。肺有时可见淤血或水肿。心外膜、心冠脂肪有细小如针尖大的出血点。产蛋母鸡的卵泡和输卵管显著充血，卵泡膜极易破裂以致卵黄流入腹腔引起卵黄性腹膜炎。脾、肝、肾无特殊病变；脑膜充血或出血。

亚急性或慢性型：剖检变化不明显，个别鸡可见卡他性肠炎，直肠黏膜、泄殖腔有条状出血，少量病鸡腺胃乳头出血。

2. 非典型新城疫

中鸡常见于二次弱毒苗（Ⅱ系或Ⅳ系）接种之后表现非典型性，排黄绿色稀粪，呼吸困难，10%左右的鸡会出现神经症状。

成年鸡非典型性新城疫很少出现神经症状，主要表现产蛋明显下降，幅度在10%~30%。并出现畸形蛋、软壳蛋和糙皮蛋。排黄白或黄绿色稀粪，有时伴有呼吸道症状。

免疫鸡群发生新城疫时，其病变不很典型，仅见黏膜卡他性炎症、喉头和气管黏膜充血，腺胃乳头出血少见，但剖检数只后可见有的病鸡腺胃乳头有少数出血点，直肠黏膜和盲肠扁桃体多见出血。

（三）防控措施

1. 一般防控措施

建立严格的兽医卫生制度，防止一切带毒动物和污染物品进入鸡群，进入人员和车辆应该消毒，不从疫区引进种蛋和鸡苗，新购鸡必须接种新城疫疫苗，并隔离观察两周以上，证明健康者方可混群。

2. 预防接种

（1）疫苗的种类及使用　目前鸡新城疫疫苗种类很多，但总体上分为弱毒活疫苗和灭活疫苗两大类。

①弱毒活疫苗。目前国内使用的弱毒活疫苗有：Ⅰ系苗（Mukteswar 株）、Ⅱ系苗（HBl 株）、Ⅲ系苗（F 株）、Ⅳ系苗（Lasota 株）和 clone-30 等。

Ⅰ系苗属中等毒力，在弱毒疫苗中毒力最强，一般用于2月龄以上的鸡，或经2次弱毒苗免疫后的鸡，幼龄鸡使用后可引起严重反应，甚至导致发病。Ⅰ系苗多采用肌内注射，接种后3~4天即可产生抗体，免疫期可达6个月以上。在发病地区常用作紧急接种。绝大多数国家已禁止使用，我国家禽及家禽产品出口基地应禁用Ⅰ系苗。

Ⅱ系苗、Ⅲ系苗、Ⅳ系苗和 clone-30 都是弱毒疫苗，大小鸡均可使用，多采用滴鼻、点眼、饮水及气雾免疫。免疫后7~9天产生免疫力，免疫期3个月左右。目前应用最广的是Ⅳ系苗及其克隆株（clone-30），可应用于任何日龄的鸡。Ⅲ、Ⅳ系苗对大群雏鸡可作饮水免疫，气雾免疫时鸡龄应在2月龄以上，以减少诱发呼吸道病。Ⅱ系苗毒力最弱的一种，常用于雏鸡首次免疫。

②灭活疫苗。多与弱毒苗配合使用。灭活苗接种后 21 天产生免疫抗体，抗体水平高而均匀，因不受母源抗体干扰，免疫力可持续半年以上。

（2）免疫程序 商品蛋鸡 3~7 日龄，用新城疫活疫苗进行初免；10~14 日龄用新城疫活疫苗和（或）灭活疫苗进行二免；12 周龄用新城疫活疫苗和（或）灭活疫苗强化免疫，17~18 周龄或开产前再用新城疫灭活疫苗免疫一次。开产后，根据免疫抗体检测情况进行强化免疫。

二、低致病性禽流感

（一）流行情况

禽流感是由 A 型流感病毒引起的一种禽类急性、热性、高度接触性传染病。农业农村部将低致病性禽流感列为三类动物疫病。

禽流感病毒属于正黏病毒科流感病毒属的成员，有 A、B、C 三个血清型，禽流感病毒属于 A 型。根据流感病毒的血凝素（HA）和神经氨酸酶（NA）抗原的差异，将其分为不同的亚型。目前，A 型流感病毒的血凝素已发现 15 种，神经氨酸酶 9 种，分别是 H1~H15、N1~N9 表示，所有的禽流感病毒都是 A 型。临床最常见的是 H5N1、H9N2 亚型。

H9N2 亚型一般引起较为温和的临床症状。典型发病时，传播范围广且发病突然，感染率高；呈非典型发生时，通常不出现特征性的临床症状，但会造成免疫抑制，造成新城疫免疫失败，产蛋率下降，继发感染与死淘率升高。

（二）临床症状与病理变化

1. 临床症状

低致病性禽流感因地域、季节、品种、日龄、病毒的毒力不同而表现出症状不同、轻重不一的临床变化。

①精神不振，或闭眼沉郁，体温升高，发烧严重鸡将头插入翅内或双腿之间，反应迟钝。

②拉黄白色带有大量泡沫的稀便或黄绿色粪便，有时肛门处被淡绿色或白色粪便污染。

③呼吸困难，打呼噜，呼噜声如蛙鸣叫，此起彼伏或遍布整个鸡群，有的鸡发出尖叫声，甩鼻，流泪，肿眼或肿头，肿头严重如猫头鹰状。下颌肿胀。

④鸡冠和肉髯发绀、肿胀，鸡脸无毛部位发紫；病鸡或死鸡全身皮肤发紫或发红。

⑤继发大肠杆菌、气囊炎后，造成较高的致死率。

2. 病理变化

①胫部鳞片出血。

②肺脏坏死，气管栓塞，气囊炎。

③肾脏肿大，紫红色，花斑样。

④皮下出血。病鸡头部皮下胶冻样浸润，剖检呈胶冻样；颈部皮下、大腿内侧皮下、腹部皮下脂肪等处，常见针尖状或点状出血。

⑤腺胃肌胃出血。腺胃肿胀，腺胃乳头水肿、出血，肌胃角质层易剥离，角质层下往往有出血斑；肌胃与腺胃交界处常呈带状或环状出血。

⑥心肌变性，心内、外膜出血；心冠脂肪出血。

⑦肠臌气，肠壁变薄，肠黏膜脱落。

⑧胰脏边缘出血或坏死，有时肿胀呈链条状。

⑨脾脏肿大，有灰白色的坏死灶。

⑩胸腺萎缩，出血。

⑪继发肝周炎、气囊炎、心包炎。

（三）防控措施

1. 加大对禽流感的监测力度，完善疫情上报制度

禽流感流行性强，一旦发生危害巨大。其中野鸟是主要的潜在病源，要努力减少野鸟对家禽的威胁。建立全国跨部门的野鸟迁移、带毒监测预警机制；养禽场要建立完善并认真执行综合生物安全措施。

2. 制定合理的免疫程序，建立科学的管理制度

（1）科学免疫　在疫苗免疫时要坚持四个原则。

①做好预警性免疫接种。发现周边的县市的鸡场有禽流感流行时，第一时间对自己鸡场的所有鸡，进行禽流感油苗的紧急免疫接种。

②一定选择使用有资质的大厂家生产的新流行毒株禽流感疫苗。

③至少要选择三个厂家的疫苗，且交叉使用。

④坚持禽流感 H5 型每 2 个月免疫一次；坚持新城疫 H9 型（要特别注意免疫）3 个月注射免疫一次。

（2）坚持科学的管理　坚持"预防为主"的科学管理制度。

①禽类的检疫、隔离。

②做好鸡场的防鸟、防暑工作。

③做好鸡场的隔离，减少外界人员接触鸡群，若必须接触要认真彻底的

消毒。

④做好家禽的日常管理与定期消毒。

⑤做好抗体的监测和免疫调整。

三、传染性支气管炎

鸡传染性支气管炎是由传染性支气管炎病毒引起的鸡的一种急性高度接触性呼吸道传染病。

（一）发病情况

传染性支气管炎病毒属于尼多病毒目，冠状病毒科，冠状病毒属，冠状病毒Ⅲ群的成员。本病毒对环境抵抗力不强，对普通消毒药过敏，对低温有一定的抵抗力。传染性支气管炎病毒具有很强的变异性，目前世界上已分离出30多个血清型。在这些毒株中多数能使气管产生特异性病变，但也有些毒株能引起肾脏病变和生殖道病变。

本病主要通过空气传播，也可以通过饲料、饮水、垫料等传播。饲养密度过大、多热、过冷、通风不良等可诱发本病。1日龄雏鸡感染时使输卵管发生永久性的损伤，使其不能达到应有的产量。

本病感染鸡，无明显的品种差异。各种日龄的鸡都易感，但5周龄内的鸡症状较明显，死亡率可到15%～19%。发病季节多见于秋末至次年春末，但以冬季最为严重。环境因素主要是冷、热、拥挤、通风不良，特别是强烈的应激作用如疫苗接种、转群等可诱发该病发生。传播方式主要是通过空气传播。此外，人员、用具及饲料等也是传播媒介。本病传播迅速，常在1～2天内波及全群。一般认为本病不能通过种蛋垂直传播。

（二）临床症状与病理变化

本病自然感染的潜伏期为36小时或更长一些。本病的发病率高，雏鸡的死亡率可达25%以上，但6周龄以上的死亡率一般不高，病程一般多为1～2周。

1. 临床症状

（1）雏鸡 无前驱症状，全群几乎同时突然发病。最初表现呼吸道症状，畏寒怕冷、流鼻涕、流泪、鼻肿胀、咳嗽、打喷嚏、伸颈张口喘气。夜间听到明显嘶哑的叫声。随着病情发展，症状加重，缩头闭目、垂翅挤堆、食欲不振、饮欲增加，如治疗不及时，有个别死亡现象。

（2）产蛋鸡 表现轻微的呼吸困难、咳嗽、气管啰音，有呼噜声。精神不振、减食、拉黄色稀粪，症状不很严重，有极少数死亡。发病第2天产蛋开始下降，1~2周下降到最低点，有时产蛋率可降到一半，并产软蛋和畸形蛋，蛋清变稀，蛋清与蛋黄分离，种蛋的孵化率也降低。产蛋量回升情况与鸡的日龄有关，产蛋高峰的成年母鸡，如果饲养管理较好，经2个月基本可恢复到原来水平，但老龄母鸡发生此病，产蛋量大幅下降，很难恢复到原来的水平，可考虑及早淘汰。

（3）肾病变型　多发于20~50日龄的幼鸡。在感染肾病变型的传染性支气管炎毒株时，由于肾脏功能的损害，病鸡除有呼吸道症状外，还可引起肾炎和肠炎。肾型支气管炎的症状呈二相性：第一阶段有几天呼吸道症状，随后又有几天症状消失的"康复"阶段；第二阶段就开始排水样白色或绿色粪便，并含有大量尿酸盐。病鸡失水，表现虚弱嗜睡，鸡冠褪色或呈蓝紫色。肾病变型传染性支气管炎病程一般比呼吸器官型稍长（12~20天），死亡率高。腿部干燥，无光泽，脚爪干瘪，脱水。

2. 病理变化

主要病变在呼吸道。在鼻腔、气管、支气管内，可见有淡黄色半透明的浆液性、黏液性渗出物，气管环出血，病程稍长的变为干酪样物质并形成栓子。气囊可能浑浊或含有干酪性渗出物。产蛋母鸡卵泡充血、出血或变形；输卵管短粗、肥厚，局部充血、坏死。

雏鸡感染本病则输卵管损害是永久性的，长大后一般不能产蛋。肾病变型支气管炎除呼吸器官病变外，可见肾肿大、苍白，肾小管内尿酸盐沉积而扩张，肾呈花斑状，输尿管尿酸盐沉积而变粗。肾肿，色泽不均，有白色尿酸盐沉积，形似花斑肾，输尿管内积聚大量尿酸盐结晶。心、肝表面也有沉积的尿酸盐似一层白霜。有时可见法氏囊有炎症和出血症状。

（三）防控措施

1. 预防

本病预防应考虑减少诱发因素，提高鸡只的免疫力。清洗和消毒鸡舍后，引进无传染性支气管炎病的鸡苗，搞好雏鸡饲养管理，鸡舍注意通风换气，防止过于拥挤，注意保温，适当补充雏鸡日粮中的维生素和矿物质，制定合理的免疫程序。

2. 治疗

对传染性支气管炎目前尚无有效的治疗方法，可用中西医结合的对症疗法。

（1）发病时中药止咳平喘　双花、连翘、板蓝根、甘草、杏仁、陈皮等中草药配合在一起治疗，有一定的效果。用抗菌药物防止继发感染。饲养管理用具及鸡舍要进行消毒。病愈鸡不可与易感鸡混群饲养。

（2）疫苗接种　疫苗接种是目前预防传染性支气管炎的一项主要措施。目前用于预防传染性支气管炎的疫苗种类很多，可分为灭活苗和弱毒苗两类。

①灭活苗。采用本地分离的病毒株制备灭活苗是一种很有效的方法，但由于生产条件的限制，目前未被广泛应用。

②弱毒苗。单价弱毒苗目前应用较为广泛的是引进荷兰的 H120、H52 株。H120 株对 14 日龄雏鸡安全有效，免疫 3 周保护率达 90%；H52 株对 14 日龄以下的鸡会引起严重反应，不宜使用，但对 90~120 日龄的鸡却安全，故目前常用的程序为 H120 株 10 日龄接种，H52 株 30~45 日龄接种。

四、传染性法氏囊炎

传染性法氏囊炎是由传染性法氏囊病毒引起的主要危害幼龄鸡的一种急性、接触性、免疫抑制性传染病。除可引起易感鸡死亡外，早期感染还可引起严重的免疫抑制。

（一）发病情况

自然情况下，本病只感染鸡，白来航鸡比重型品种鸡易感，肉鸡比蛋鸡易感。主要发生于 2~15 周龄鸡，3~6 周龄最易感。感染率可达 100%，死亡率常因发病年龄、有无继发感染而有较大变化，多在 5%~40%，因传染性法氏囊病毒对一般消毒药和外界环境抵抗力强大，污染鸡场难以净化，有时同一鸡群可反复多次感染。

目前，本病流行发生了许多变化。主要表现在以下几点。

①发病日龄明显变宽，病程延长。

②临床可见传染性法氏囊炎最早可发生于 1 日龄幼雏。

③免疫鸡群仍然发病。该病免疫失败越来越常见，且在我国肉鸡养殖密集区出现一种鸡群在 21~27 日龄进行过法氏囊疫苗二免后几天内暴发法氏囊病的现象。

④出现变异毒株和超强毒株。临床和剖检症状与经典毒株存在差异，传统法氏囊疫苗不能提供足够的保护力。

⑤并发症、继发症明显增多，间接损失增大。在传染性法氏囊炎发病的同时，常见新城疫、支原体、大肠杆菌、曲霉菌等并发感染，致使死亡率明显提

高，高者可达 80% 以上，有的鸡群不得不全群淘汰。

（二）临床症状与病理变化

①潜伏期 2~3 天，易感鸡群感染后突然大批发病，采食量急剧下降，翅膀下垂，羽毛蓬乱，怕冷，在热源处扎堆。

②饮水增多，腹泻，排出米汤样稀白粪便或拉白色、黄色、绿色水样稀便，肛门周围羽毛被粪便污染，恢复期常排绿色粪便。

③发病后期如继发鸡新城疫或大肠杆菌病，可使死亡率增高。

④耐过鸡贫血消瘦，生长缓慢。

⑤病死鸡脱水，皮下干燥，胸肌和两腿外侧肌肉条纹状或刷状出血。

⑥法氏囊黄色胶冻样渗出，囊浑浊，囊内皱褶出血，严重者呈紫葡萄样外观。

⑦肾脏肿胀，花斑肾，肾小管和输尿管有白色尿酸盐沉积。

（三）防控措施

1. 对发病鸡群及早注射高免卵黄抗体

制作法氏囊卵黄抗体的抗原最好来自本鸡场，每只鸡肌内注射 1 毫升。板蓝根 10 克，连翘 10 克，黄芩 10 克，海金沙 8 克，诃子 5 克，甘草 5 克制成药剂，每只鸡 0.5~1 克拌料，连用 3~5 天。如能配合补肾、通肾的药物，可促进机体尽快恢复。使用敏感的抗生素，防止继发大肠杆菌病等细菌病。

2. 疫苗免疫是控制传染性法氏囊炎最经济最有效的措施

按照毒力大小，传染性法氏囊炎疫苗可分为三类。一是温和型疫苗，如 D78 株、LKT 株、LZD228 株、PBG98 株等，这类疫苗对法氏囊基本无损害，但接种后抗体产生慢，抗体效价低，对强毒的传染性法氏囊炎感染保护力差；二是中等毒力的活苗，如 B87 株、BJ836 株、细胞苗 IBD-B2 等，这类疫苗在接种后对法氏囊有轻度损伤，接种 72 小时后可产生免疫活力，持续 10 天左右消失，不会造成免疫干扰，对强毒的保护力较高；三是中等偏强型疫苗，如 MB 株、J-I 株、2512 毒株、288E 株等，对雏鸡有一定的致病力和免疫抑制力，在传染性法氏囊炎重污染地区可以使用。

一般采取 14 日龄法氏囊冻干苗滴口，28 日龄法氏囊冻干苗饮水。在容易发生法氏囊病的地区，14 日龄法氏囊的免疫最好采用进口疫苗，每只鸡 1 羽份滴口，或 2 羽份饮水。必要时，28 日龄二免，可采用饮水法免疫，但用量要加倍。

3. 落实各项生物安全措施，严格消毒

进雏前，要对鸡舍、用具、设备进行彻底清扫、冲洗，然后使用碘制剂或甲醛高锰酸钾熏蒸消毒。进雏后坚持使用1∶600倍的聚维酮碘溶液带鸡消毒，隔日一次。

五、鸡痘

鸡痘是由鸡痘病毒引起的一种接触性传染病，以体表无毛、少毛处皮肤出现痘疹或上呼吸道、口腔和食管黏膜的纤维素性坏死形成假膜为特征的一种接触性传染病。

（一）发病情况

各种年龄的鸡均可感染，但主要发生于幼鸡。主要通过皮肤或黏膜的伤口感染而发病，吸血昆虫，特别是蚊虫（库蚊、伊蚊和按蚊）吸血，在本病中起着传播病原的重要作用。

一年四季均可发生，但以秋季和冬季多见。秋季和初冬多见皮肤型，冬季多见黏膜型。

蚊子吸取过病鸡的血液，之后即带毒长达10~30天，其间易感染的鸡就会通过蚊子的叮咬而感染；鸡群出现恶癖，啄毛，造成外伤，鸡群密度大，通风不良，鸡舍内阴暗潮湿，营养不良，均可成为本病的诱发因素。没有免疫鸡群或者免疫失败鸡群高发。

（二）临床症状与病理变化

根据症状和病变以及病毒侵害鸡体部位的不同，分为皮肤型、黏膜型、混合型三种类型。开始以个体皮肤型出现，发病缓慢不被养殖户重视，接着出现眼流泪，有泡沫，个别出现鸡只呼吸困难，喉头现黄色假膜，造成鸡只死亡现象。

1. 皮肤型鸡痘

特征是在鸡体表面无毛或少毛处，如鸡冠、肉垂、嘴角、眼睑、耳球和腿脚、泄殖腔和翅的内侧等部位形成一种特殊的痘疹。痘疹开始为细小的灰白色小点，随后体积迅速增大，形成如豌豆大黄色或棕褐色的结节。

一般无明显的全身症状，对鸡的精神、食欲无大影响。但感染严重的病例，体质衰弱者，则表现出精神萎靡、食欲不振、体重减轻、生长受阻现象。

皮肤型鸡痘一般很难见到明显的病理变化。

2. 黏膜型鸡痘

也称白喉型鸡痘。痘疮主要出现在口腔、咽喉、气管、眼结膜等处的黏膜上，痘痂堵塞喉头，往往使鸡窒息死亡。

表现为病鸡精神委顿、厌食，眼和鼻孔流出液体。2~3天后，口腔和咽喉等处的黏膜发生痘疹，初呈圆形的黄色斑点，逐渐形成一层黄白色的假膜，覆盖在黏膜上面。吞咽和呼吸受到影响，发出"嘎嘎"的声音，痂块脱落时破碎的小块痂皮掉进喉和气管，形成栓塞，呼吸困难，甚至窒息死亡。

3. 混合型鸡痘

病禽皮肤、口腔和咽喉同时受到侵害，发生痘斑。病情严重，死亡率高。

（三）防控措施

1. 预防

预防鸡痘最有效的方法是接种鸡痘疫苗。夏秋流行季节，建议于5~10日龄接种鸡痘鹌鹑化弱毒冻干苗200倍稀释，摇匀后用消毒刺种针或笔尖蘸取，在鸡翅膀内侧无血管处进行皮下刺种，每只鸡刺种一下。刺种后3~4天，抽查10%的鸡作为样本，检查刺种部位，如果样本中有80%以上的鸡在刺种部位出现痘肿，说明刺种成功。否则应查找原因并及时补种。

经常消除鸡舍周围的杂草，填平臭水沟和污水池，并经常喷洒杀蚊蝇剂，消灭和减少蚊蝇等吸血昆虫危害；改善鸡群饲养环境。

2. 治疗

发病后，皮肤型鸡痘可以用镊子剥离痘痂，然后用碘甘油或龙胆紫涂抹。黏膜型可以用镊子小心剥掉假膜后喷入消炎药物，或用碘甘油或蛋白银溶液涂抹。眼内可用双氧水消毒后滴入氯霉素眼药水。

大群用中西药抗病毒、抗菌消炎，控制继发感染。饲料中添加维生素 A 有利于本病的恢复。

六、病毒性关节炎

（一）发病情况

鸡病毒性关节炎是由呼肠孤病毒引起的鸡只传染病，又名腱滑膜炎。本病的特征是胫跗关节滑膜炎、腱鞘炎等，可造成鸡淘率增加、生长受阻，饲料报酬低。

本病仅见于鸡，可通过种蛋垂直传播。多数鸡呈隐性经过，急性感染时，可见病鸡跛行,部分鸡生长停滞;慢性病例,跛行明显,甚至跗关节僵硬,不能活动。有的患鸡关节肿胀、跛行不明显,但可见腓肠肌腱或趾屈肌腱部肿胀,甚至腓肠肌腱断裂,并伴有皮下出血,呈现典型的蹒跚步态。死亡率虽然不高,但出现运动障碍,产蛋量下降 10%~15%。

(二) 临床症状与病理变化

病鸡食欲不振,消瘦,不愿走动,跛行;腓肠肌断裂后,腿变形,顽固性跛行,严重时瘫痪。

剖检,肉鸡趾屈腱及伸腱发生水肿性肿胀,腓肠肌腱粘连、出血、坏死或断裂。跗关节肿胀、充血或有点状出血,关节腔内有大量淡黄色、半透明渗出物。慢性病例,可见腓肠肌腱明显增厚、硬化、断裂。出现结节状增生,关节硬固变形,表面皮肤呈褐色。腱鞘发炎、水肿。有时可见心外膜炎,肝、脾和心肌上有小的坏死灶。

(三) 防控措施

1. 预防

(1) 加强饲养管理 注意鸡舍及环境,从无病毒性关节炎的鸡场引种。坚持执行严格的检疫制度,淘汰病鸡。

(2) 免疫接种 目前,实践应用的预防病毒性关节炎的疫苗有弱毒苗和灭活苗两种。种鸡群的免疫程序是:1~7 日龄和 4 周龄各接种一次弱毒苗,开产前接种一次灭活苗,减少垂直传播的概率。但应注意不要和马立克氏病疫苗同时免疫,以免产生干扰现象。

2. 治疗

目前对于发病鸡群尚无有效的治疗方法。可使用干扰素、白介苗抑制病毒复制,抗生素防止继发感染。

七、淋巴细胞白血病

鸡白血病是由一群具有共同特性的病毒(RNA 黏液病毒群)引起的鸡的慢性肿瘤性疾病的总称,淋巴细胞性白血病是在白血病中最常见的一种。

(一) 发病情况

淋巴细胞性白血病病毒主要存在于病鸡血液、羽毛囊、泄殖腔、蛋清、胚胎以及雏鸡粪便中。该病毒对理化因素抵抗力差,各种消毒药均敏感。

本病的潜伏期很长,呈慢性经过,小鸡感染大鸡发病,一般 6 月龄以上的鸡才出现明显的临床症状和死亡。主要是通过垂直传播，也可通过水平传播。感染率高，但临床发病者很少、多呈散发。

（二）临床症状与病理变化

1. 临床症状

①在4~5月龄以上的鸡群中，偶尔出现个别鸡食欲减退，进行性消瘦，精神沉郁，冠及肉髯苍白皱缩或暗红。

②常见腹泻下痢，拉绿色稀粪，腹部膨大，站立不稳，呈企鹅姿势。

③手可触及肿大的肝脏，最后衰竭死亡。

④临床上的渐进性发病、死亡和死亡率低是其特点之一。

2. 病理变化

①剖检，肝脏肿大，比正常肝脏大5~15倍不等。可延伸到耻骨前缘，充满整个腹腔，俗称"大肝病"。肝质地脆弱，并有大理石纹彩，表面有弥漫性肿瘤结节。

②脾脏肿胀，似乒乓球，表面有弥散性灰白色坏死灶。

③腔上囊肿瘤性增生，极度肿胀。

④肾脏可见肿瘤。

⑤骨髓褪色，呈胶冻样或黄色脂肪浸润。

⑥病鸡其他多个组织器官也有肿瘤。

（三）防控措施

目前无有效治疗方法。患淋巴性白血病的病鸡没有治疗价值，应该着重做好疫病防控工作。

①鸡群中的病鸡和可疑病鸡，必须经常检出淘汰。

②淋巴性白血病可以通过鸡蛋传染，孵化用的种蛋和留种用的种鸡，必须从无白血病鸡场引进。孵化用具要彻底消毒。种鸡群如发生淋巴细胞性白血病，鸡蛋不可再作用。

③幼鸡对淋巴性白血病的易感性最高，必须与成年鸡隔离饲养。

④通过严格的隔离、检疫和消毒措施，逐步建立无淋巴性白血病的种鸡群。

八、传染性喉气管炎

传染性喉气管炎是由传染性喉气管炎病毒引起的一种急性高度接触性呼吸道传染病。本病特征是呼吸困难，咳嗽和咳出含有血液的渗出物，喉头、气管黏膜肿胀、出血，甚至黏膜糜烂和坏死，蛋鸡产蛋率下降，死亡率高。

（一）发病情况

传染性喉气管炎病毒主要存在于病鸡的气管及其渗出物中，肝、脾和血液中较少见。病毒抵抗力中等，55℃存活 10～15 分钟，37℃存活 22～24 小时，直射阳光存活 7 小时。对一般消毒剂敏感，如 3%来苏儿、1%火碱，1 分钟即可将病毒杀死。病禽尸体内的病毒存活时间较长，在−18℃条件下能存活 7 个月以上。冻干后，在冰箱存活 10 年。经乙醚处理 24 小时后，即失去传染性。

在自然条件下，本病主要侵害鸡，不同品种、性别、日龄的鸡都易感，但以 4～10 月龄的成年鸡症状最为典型。病鸡及康复后的带毒鸡是主要传染源，病毒存在于气管和上呼吸道分泌物中，通过咳出的黏液和血液及鼻腔排出的分泌物经上呼吸道及眼结膜传播，亦可经消化道传播。污染的垫料、饲料和饮水等也可成为传播媒介。约有 2%耐过鸡带毒并排毒，带毒时间长达 2 年，从而使感染过本病的鸡场年年发病。种蛋也能传播病毒，是否垂直传播尚不明确。易感鸡群与接种了活疫苗的鸡长时间接触，也可感染发病。

本病在易感鸡群内传播速度很快，感染率可达 90%～100%，病死率 5%～70%。一般在 10%～20%。在产蛋高峰期病死率较高。

本病一年四季都能发生，但以冬春季节多见。鸡群拥挤，通风不良，饲养管理不善，维生素 A 缺乏，寄生虫感染等，均可促进本病的发生。

（二）临床症状与病理变化

1. 临床症状

本病自然感染的潜伏期为 6～12 天，人工气管内接种为 2～4 天。由于病毒的毒力不同、侵害部位不同，临床表现不同。

（1）急性型（喉气管型）　是由高度致病性病毒株引起。主要发生于成年鸡，短期内全群感染。病初精神沉郁，食欲减少或废绝，有时排绿色稀便。鼻孔有分泌物，流泪，随后表现特征性呼吸症状，咳嗽和喘气，并发出响亮的喘鸣声，呼吸时抬头伸颈，表情极为痛苦，有时蹲伏，身体随着一呼一吸而呈波浪式的起伏；严重病例会出现高度呼吸困难，咳嗽或摇头时，咳出血痰，在鸡舍走道、墙壁、水槽、食槽或鸡笼上甩有血样黏条，个别鸡的喙角有血染。将鸡的喉头用手向上顶，令鸡张开口，可见喉头部黏膜有泡沫状液体或淡黄色凝固物附着，不易擦去，喉头出血。病鸡迅速消瘦，鸡冠发绀，衰竭而死。病程一般为 10～14 天，有的康复鸡成为带毒者。产蛋鸡的产蛋量下降。

（2）温和型（结膜型）　是由毒力较弱的毒株引起，呈比较缓和的地方流行性，其症状为生长迟缓、产蛋减少、畸形蛋增多，流泪、结膜炎，严重病例见眶下窦肿胀，持续性鼻液增多和出血性结膜炎。一般发病率多在5%以内，病程短的1周，最长可达4周，多数病例可在10~14天恢复。

2. 病理变化

（1）喉气管型　特征性病变为喉头和气管黏膜肿胀、充血、出血甚至坏死，鼻窦肿胀，内有黏液，喉和气管内有血凝块或纤维素性干酪样渗出物或气管栓塞，气管上部气管环出血。鼻腔和眶下窦黏膜也发生卡他性或纤维素性炎。产蛋鸡卵巢异常，卵泡变软、变形、出血等。十二指肠内有病毒斑，盲肠淋巴结出血明显。

（2）结膜型　有的病例单独侵害眼结膜，有的则与喉、气管病变合并发生。结膜主要病变是浆液性结膜炎，表现为结膜充血、水肿，有时有点状出血。有些病鸡的眼睑，特别是下眼睑发生水肿，而有的则发生纤维素性结膜炎，角膜溃疡。

（三）防控措施

1. 严格坚持隔离消毒制度

由于带毒鸡是本病的主要传染源之一，因此坚持隔离、消毒是防止本病流行的有效方法。故有易感性的鸡且不可和病愈鸡或来历不明的鸡接触。新购进的鸡必须用少量的易感鸡与其作接触感染试验，隔离观察2周，易感鸡不发病，证明不带毒，此时方可合群。病愈鸡不可与易感鸡混群饲养，耐过的康复鸡在一定时期内带毒、排毒，所以要严格控制易感鸡与康复鸡接触，最好将病愈鸡淘汰。

2. 免疫预防

在本病流行的地区可接种疫苗，目前使用的疫苗有两种，一种是弱毒苗，是在细胞培养上继代致弱的，或在鸡胚中继代致弱的，或在自然感染的鸡只中分离的弱毒株。此类疫苗可用于14日龄以上的鸡，可经点眼、滴鼻、饮水免疫，一般较安全，用苗后，7天产生免疫力。一般30日龄时进行首免，间隔5周后再免疫1次。若60~70日龄首免，经2~3个月再次免疫，免疫期达6个月以上。注意弱毒疫苗点眼后可引起轻度的结膜炎。另一种为强毒疫苗，打开泄殖腔，用牙刷蘸取少量疫苗涂擦在泄殖腔黏膜上，注意绝不能将疫苗接种到眼、鼻、口等部位，否则会引起该病的暴发。涂擦后3~4天，泄殖腔出现潮红、水肿或出血性炎症反应，表示有效，经1周后产生较强的免疫力，能抵抗病毒的攻击。

不论强毒疫苗或弱毒疫苗，只能在疫区或发生过该病的地区使用，而且要将未接种疫苗的鸡与接种疫苗的鸡严格隔离，因为接种上述疫苗可造成病毒的终生潜伏，偶尔活化和散毒。

目前应用生物工程技术生产的亚单位疫苗、基因缺失疫苗、活载体疫苗、病毒重组体疫苗将具有广阔的应用前景。

3. 发病时的措施

对本病要早防早治，以预防为主。虽然本病的死亡率不高，但传播速度快，发病率高，鸡群一旦发生本病，就会波及全群。对患鸡进行隔离，防止未感染鸡接触感染很重要。鸡舍内外环境用 0.3% 过氧乙酸或菌毒净（1∶1500）稀释液消毒，每天 1~2 次，连用 10 天。对尚未发病的鸡用传染性喉气管炎弱毒疫苗滴眼接种。在发病鸡群采用中西医结合对症治疗。

（1）投服清热解毒、镇痛、祛痰平喘、止咳化痰的中药。板蓝根 1 000 克、金银花 1 000 克、射干 600 克、连翘 600 克、山豆根 800 克、地丁 800 克、杏仁 800 克、蒲公英 800 克、白芷 800 克、菊花 600 克、桔梗 600 克、贝母 600 克、麻黄 350 克、甘草 600 克，将上述中药加工成细粉，每只鸡每天 2 克，均匀拌入饲料，分早、晚喂服，连用 3 天。

（2）在饲料中加入敏感抗生素和多种维生素，以防止继发感染和提高机体的抵抗力，连续用药 4 天。

（3）个别喉头处有伪膜的病鸡，可用小镊子将伪膜剥离取出，然后向病灶上吹上少许"喉正散"或"六神丸"，每天每只 2~3 粒，每天 1 次，连用 3 天即可。

九、禽脑脊髓炎

禽脑脊髓炎又名流行性震颤，是由禽脑脊髓炎病毒引起的一种急性、高度接触性传染病。以共济失调和快速震颤特别是头颈部震颤和非化脓性脑炎为主要特征。主要侵害幼龄鸡，并表现明显的临床症状，成年鸡多为隐性感染。

（一）发病情况

禽脑脊髓炎病毒属小 RNA 病毒科中的肠道病毒，无囊膜，对乙醚、氯仿、酸、胰酶、胃蛋白酶等有抵抗力。大部分野毒株都为嗜肠性，当家禽被感染后，病毒自粪便中排出，经口感染。也有少部分是嗜神经性的，可使雏鸡产生严重的神经症状。

自然感染见于鸡、雉、火鸡、鹌鹑、珍珠鸡等，鸡对本病最易感。各种日龄均可感染，以雏禽易感，尤以 12～21 日龄雏鸡最易感。1 月龄以上的鸡感染后不表现临床症状，产蛋鸡有一过性产蛋下降。

此病具有很强的传染性，既可水平传播也可垂直传播。直接接触和间接接触均可感染而进行水平传播。幼雏感染后，可经粪便排毒达 2 周以上，3 周龄以上雏鸡排毒仅持续 5 天左右，病毒可在粪便中存活 4 周以上，当易感鸡接触被污染的垫料、饲料、饮水时可发生感染。垂直传播是造成本病流行的主要因素，产蛋种鸡感染后，一般无明显临床症状，但在 3 周内所产的蛋均带有病毒，这些蛋在孵化过程中一部分死亡，另一部分孵出病雏，病雏又可导致同群鸡发病。种鸡感染后可逐渐产生循环抗体，一般在感染后 4 周，种蛋就含有高滴度的母源抗体，既可保护雏鸡在出壳后不再发病，同时种鸡的带毒和排毒也减轻。

本病一年四季均可发生，以冬春季节稍多。雏鸡发病率一般为 40%～60%，死亡率 10%～25%，甚至更高。

（二）临床症状与病理变化

经胚胎感染的雏鸡，1～7 天发病。经接触或经口感染的雏鸡在 11 日龄以后发病。病初雏鸡表现目光呆滞，行为迟钝，头颈部可见阵发性震颤，这是发病的先兆，继而出现共济失调，两腿无力，不愿走动而蹲坐在自身的跗关节上，强行驱赶时可勉强走动，但步态不稳。一侧腿麻痹时，走路跛行；双侧腿麻痹则完全不能站立，双腿呈一前一后的劈叉姿势，或双腿倒向一侧。病鸡受惊扰，如给水、加料、倒提时，在腿、翼，尤其是头颈部出现更明显的阵发性震颤，并经不规则的间歇后再次发生。有些病例仅出现颤抖而无共济失调。共济失调发展到不能行走，之后是疲乏、虚脱，最终死亡。部分存活鸡可见一侧或两侧眼的晶状体混浊或浅蓝色褪色，眼球增大，失明。

本病有明显的年龄抵抗力。1 月龄以上的鸡受感染后，除出现血清学阳性外，无任何明显的临床症状和病理变化。产蛋鸡感染可发生 1～2 周内暂时性产蛋下降，孵化率下降 10%～35%。但不出现神经症状。

病鸡唯一可见的肉眼变化是胃肌层有细小的灰白区，是由浸润的淋巴细胞团块组成，这种变化不很明显，易忽略。个别雏鸡可发现小脑水肿。主要组织变化在中枢神经系统和某些内脏器官，中枢神经系统的病变为散在的非化脓性脑脊髓炎和背根神经节炎，脊髓根中的神经原周围有时聚集大量淋巴细胞。内脏组织学变化是淋巴细胞积聚，腺胃肌层密集淋巴细胞灶也具有诊断意义。肌胃肌层也有类似变化。

（三）防控措施

1. 加强消毒与隔离

防止从疫区引进种蛋与种鸡，种鸡感染后 1 个月内所产的蛋不能用于孵化。

2. 免疫接种

①雏鸡已确认本病时，凡出现症状的雏鸡都应立即淘汰、深埋，保护其他雏鸡。

②在本病流行的地区，种鸡应于 100～120 日龄接种鸡脑脊髓炎疫苗，有较好的效果。

3. 发病时的措施

本病尚无有效的治疗方法。一般应将发病鸡群扑杀并作无害化处理。如有特殊需要，也可将病鸡隔离，给予舒适的环境，提供充足的饮水和饲料，饲料和饮水中添加维生素 E、维生素 B_1、维生素 B_2，避免能走动的鸡践踏病鸡等，可减少发病与死亡。

十、鸡马立克氏病

马立克氏病是由马立克氏病病毒引起的一种淋巴组织增生性疾病。其特征是外周神经、性腺、虹膜、内脏器官、肌肉和皮肤等发生淋巴样细胞浸润和形成肿瘤性病灶。本病传染性强，传播速度快、范围广。

（一）发病情况

马立克氏病病毒属于细胞结合性疱疹病毒科 B 亚群，分为三个血清型。该病毒在鸡体内存在有两种形式：一种是无囊膜的裸体病毒，存在于感染细胞的细胞核中，属于严格的细胞结合病毒，当细胞破裂死亡时，其传染性随之显著下降或丧失，即与细胞共存亡，因此在外界很容易死亡；另一种是有囊膜的完全病毒，主要存在于羽毛囊的上皮细胞中，非细胞结合型，可脱离细胞而存活。从感染鸡羽毛囊随皮屑排出的游离病毒，对外界环境的抵抗力很强，室温下其传染性可保持 4～8 个月。

本病毒对理化因素，如热、酸、有机溶剂及消毒药的抵抗力均不强。5% 福尔马林、3% 来苏儿、2% 火碱等常用消毒剂均可在 10 分钟内杀死病毒。

鸡是最重要的自然宿主，其他禽类如火鸡、野鸡、鹌鹑也可感染，但相当少见，其他动物不感染。不同品种、年龄、性别的鸡均能感染。不同品种或品系易感性有差异。母鸡易感性略高于公鸡。鸡的年龄对发病有很大影响，年龄越小越易感，特别是出雏和育雏室的早期感染可导致发病率和死亡率都很高。年龄大的鸡感染，病毒可在体内复制，并随脱落的羽毛和皮屑排出体外，但大多不发病。自然感染最早出现症状为3周龄的鸡，一般为2~5月龄。病鸡和带毒鸡是主要的传染源。病鸡和带毒鸡的排泄物、分泌物及鸡舍内垫草均具有很强的传染性。很多外表健康的鸡可长期持续带毒排毒，使鸡舍内的灰尘成年累月保持传染性，因此鸡场一旦感染病毒，本病即能在鸡群中广泛传播，至性成熟时几乎全部感染，并持续终身。但发病率差异很大，可由10%以下到50%~60%，发病鸡都以死亡为转归，只有极少数能康复。鸡群个体的相互接触是主要传播方式，主要通过呼吸道感染，也可经消化道和吸血昆虫叮咬感染。本病经种蛋垂直传播的可能性很小。饲养密度越高，感染的机会越多。

（二）临床症状与病理变化

本病是一种肿瘤性疾病，潜伏期较长。受病毒的毒力、剂量、感染途径和鸡的遗传品系、年龄和性别的影响，可存在很大差异。以2~5月龄发病最常见，种鸡和产蛋鸡常在16~20周龄出现临床症状，迟可至24~30周龄或60周龄以上。根据临床症状和病变发生部位的不同可分为神经型、内脏型、眼型和皮肤型4种，有时混合感染。

1. 神经型

又称古典型，常侵害外周神经。由于侵害神经的部位不同，症状也不同。一般病鸡出现共济失调，发生单侧或双侧性肢体麻痹。最常见的为坐骨神经受到侵害，病初步态不稳，逐渐看到一侧或两侧腿麻痹，严重时瘫痪不起，典型症状是一腿伸向前方，另一腿伸向后方，形成"劈叉姿势"。病侧肌肉萎缩，有凉感，爪子多弯曲；臂神经受害时，一侧或两侧翅膀下垂（俗称"穿大褂"）；颈肌神经受侵害时，病鸡头下垂或头颈歪斜；迷走神经受害时，可以引起嗉囊膨胀（俗称"大嗉子"）、失声及呼吸困难。

最恒定的病变部位是外周神经，以腹腔神经丛、前肠系膜神经丛、臂神经丛、坐骨神经丛和内脏大神经最常见。受害神经呈弥漫性或局灶性增生，病变神经横纹消失，失去洁白色的光泽。而呈灰白色或黄白色，有时呈水肿样外观。局部弥漫性增粗，可达正常的2~3倍。病变常为单侧性，将两侧神经对比，易于观察。

2. 内脏型

又称急性型，此型临床常见，多发于2~3月龄的鸡。缺乏特征性症状，病鸡呆顿，羽毛松乱，无光泽。行动迟缓，常缩颈蹲在墙角下。冠和肉髯苍白、萎缩，渐进消瘦，腹泻，病程较长，最后衰竭死亡。

主要表现为卵巢、肝、脾、肾、心、肺、胰、腺胃、肠壁和肌肉等器官和组织中可见大小不等、质地坚硬而致密的灰白色肿瘤块，有时肿瘤呈弥漫性使整个器官变得很大。卵巢肿大 4~10 倍不等，呈菜花状。肝脏肿大、质脆，有时为弥漫性肿瘤，有时见粟粒大至黄豆大的灰白色瘤，几个至几十个不等，肿瘤稍突出于肝表面，有时肿瘤如鸡蛋黄大小。腺胃肿大、增厚、质地坚实，浆膜苍白，切开后可见黏膜出血或溃疡。脾脏肿大 3~7 倍不等，表面可见呈针尖大小或米粒大的肿瘤结节。法氏囊通常萎缩，极少数情况下发生弥漫性增厚的肿瘤变化。心外膜见黄白色肿瘤，常突出于心肌表面，米粒大至黄豆大不等。肺脏在一侧或两侧见灰白色肿瘤，肺脏呈实质性变化，质硬。肌肉肿瘤多发生于胸肌，呈白色条纹状。

3. 眼型

很少见到。病鸡虹膜受害时，表现一侧或两侧虹膜正常色素消失，由正常的橘红色变为同心环状或斑点状以至于弥漫的灰白色，因此又叫"灰眼病""银眼病"。瞳孔边缘不整齐呈锯齿状，严重时，瞳孔只剩针尖大的小孔，视力减退或丧失。

剖检，见虹膜褪色，瞳孔缩小、边缘不整齐，有时偏向一侧。

4. 皮肤型

较少见。此型缺乏明显的临床症状。主要表现羽毛囊肿胀，形成淡白色小结节或瘤状物。肿瘤结节呈灰黄色，突出于皮肤表面，有时破溃。此病变常见于大腿部、颈部及躯干背面生长粗大羽毛的部位。

病变常与羽囊有关。在皮肤的羽毛囊出现小结节或瘤状物，病变可融合成片。特别在换羽期的鸡最常见。

有时可见混合型，两型或三型症状同时存在。

(三) 防控措施

1. 一般措施

坚持自繁自养，执行全进全出的饲养制度，避免不同日龄鸡混养；实行网上饲养和笼养，减少鸡只与羽毛粪便等接触。严格执行卫生消毒制度，尤其是种蛋、出雏器和孵化室的消毒。消除各种应激因素，注意对传染性法氏囊病、鸡白血病、鸡网状内皮组织增生症等的免疫与预防；加强检疫，及时淘汰病鸡和阳性鸡。

2. 接种疫苗

在进行疫苗接种的同时，鸡群要封闭饲养，尤其是育雏期间应搞好封闭隔离，可减少本病的发病率。

疫苗接种应在1日龄进行，有条件的鸡场可进行胚胎免疫，即在18日胚龄时进行鸡胚接种。接种时注意疫苗现用现配，稀释液内不能添加任何药物，稀释后的疫苗必须于1小时内用完。

改进免疫程序，把过去的"常规剂量，一次免疫"改为"倍量注射，二次免疫"。即雏鸡出壳后24小时内注射1.5~2倍剂量的疫苗，以补偿因母源抗体中和作用所消耗的疫苗量，12~21日龄再进行第二次免疫，以激发第一次免疫已致敏的免疫细胞更强烈的免疫应答。实践证明，进行二次免疫接种保护率可提高13.8%，显著高于一次免疫鸡群。

3. 发病时的措施

鸡群中发现疑似马立克氏病病鸡应立即挑出隔离，确诊后扑杀深埋，并增加带鸡消毒的次数，对未出现症状的鸡采用大剂量马立克氏病疫苗进行紧急接种，以干扰病毒传播，使未感染鸡产生免疫抗体，抵御马立克氏病强毒侵袭。

十一、产蛋下降综合征

产蛋下降综合征是由一种腺病毒引起的病毒性传染病，病鸡其他方面没有明显症状，而以产蛋量骤然下降、蛋壳异常（薄壳蛋、软壳蛋）、蛋体畸形、蛋质低劣和蛋壳颜色变淡为特征。

（一）发病情况

产蛋下降综合征病毒属于禽腺病毒科、腺病毒属禽腺病毒Ⅲ群的病毒，在50℃条件下，对乙醚、氯仿不敏感。对不同范围的pH性质稳定，如在pH为3~10的环境中能存活。加热到56℃可存活3小时，60℃加热30分钟丧失致病力，70℃加热20分钟则完全灭活。在室温条件下至少存活6个月以上，0.3%甲醛24小时、0.1%甲醛48小时可使病毒完全灭活。

本病毒的易感动物主要是鸡。其自然宿主是鸭、鹅、野鸭和多种野禽。鸭感染后虽不发病，但长期带毒，带毒率可达85%以上。

不同品种的鸡对本病毒的易感性有差异，产褐壳蛋母鸡最易感。任何年龄鸡均可感染，幼龄鸡感染后不表现症状，血清中也查不出抗体，只有在性成熟开始产蛋后，检测产蛋鸡血清才为阳性。本病毒主要侵害26~32周龄的鸡，35周龄以上的鸡较少发病。

本病主要经过垂直传播，带病毒的种蛋孵出的雏鸡在肝脏中可检测到本病毒。水平传播也不可忽视，因为从鸡的输卵管、泄殖腔、粪便、肠内容物都能分离到病毒，病毒可通过这些途径向外排毒，污染饲料、饮水、用具、种蛋等，经水平传播使其他鸡感染。此外病毒也可通过交配传播。病毒侵入鸡体后，在性成熟前对鸡不表现致病性，在产蛋初期由于应激反应，致使病毒活化而使产蛋鸡发病。

（二）临床症状与病理变化

感染鸡无明显临诊症状，通常是在 26～32 周龄产蛋鸡突然出现群体性产蛋下降，产蛋率比正常下降 20%～30%，甚至达 50%。病初蛋壳色泽变淡，紧接着产出软壳蛋、薄壳蛋、无壳蛋、小蛋、畸形蛋，蛋壳表面粗糙，蛋白水样，蛋黄色淡，或蛋白中混有血液、异物等。异常蛋可占产蛋的 15% 以上。蛋的破损率可达 40% 左右。种蛋受精率和孵化率降低。病程一般可持续 4～10 周，以后逐渐恢复，但难以达到正常水平。

本病一般不发生死亡，无明显的病理变化。剖检可见子宫和输卵管黏膜发炎、水肿、萎缩，卵巢萎缩或有充血，卵泡充血、变形或发育不全。有的肠道出现卡他性炎症。

（三）防控措施

1. 杜绝病毒的传入

本病主要经垂直传播，所以应从非疫区鸡群中引种，引进种鸡群要严格隔离饲养，产蛋后须经血凝抑制试验（HI）检测，只有 HI 阴性的鸡才可留做种用。产蛋下降期的种蛋不能留作种用。

2. 严格执行兽医卫生措施

应做好鸡舍及周围环境和孵化室的消毒工作，粪便无害化处理，防止饲养管理用具混用和人员串走，以防水平传染。

3. 免疫预防

免疫接种是预防本病最主要的措施。疫苗可采用产蛋下降综合征油乳剂灭活苗，产蛋下降综合征与新城疫（ND）二联油剂灭活苗或产蛋下降综合征与新城疫、传染性支气管炎（ND-IB-EDS-76）三联油乳剂灭活菌苗。商品蛋鸡或蛋用种鸡，于 110～120 日龄每只肌注 0.5～0.7 毫升。

4. 本病尚无有效治疗方法

鸡群发病后适当应用抗生素以防继发感染；发病鸡群亦可在饮水中加入禽

用白细胞干扰素、补充电解质多维，连用 7 天，可促进病鸡康复。

十二、鸡传染性贫血病

鸡传染性贫血是由鸡传染性贫血病毒引起以雏鸡发生再生障碍性贫血、皮下和肌肉出血、全身性淋巴组织萎缩为主要特征的免疫抑制病，又称出血性综合征或贫血性皮炎综合征。

（一）发病情况

鸡传染性贫血病毒，属于圆环病毒科螺线病毒属唯一成员，只有一个血清型。病毒呈球形，无囊膜，无血凝性，单链环形 DNA 病毒。

本病毒对氯仿和乙醚有抵抗力，能耐受 50% 氯仿处理 15 分钟，50% 乙醚处理 18 小时。pH 为 3 处理 3 小时不死，100℃ 15 分钟可以灭活，用 5% 苯酚处理 5 分钟即失去其感染性。5% 次氯酸钠 37℃ 作用 2 小时可失去感染力。福尔马林和含氯制剂可用于消毒。

自然条件下只有鸡对本病易感，所有年龄的鸡都可感染本病。自然发病多见于 2~4 周龄内的雏鸡，1~7 日龄雏鸡最易感。但随着年龄增加，鸡的易感性明显减少。

1~7 日龄鸡感染后发生贫血，并引起淋巴组织和骨髓肉眼可见病变，感染后 12~16 天病变最明显，第 12~28 天出现死亡，死亡率一般为 10%~50%。2 周龄以上的鸡感染而不发病；有母源抗体的雏鸡可被感染，但不发病。

本病主要通过蛋垂直传播，母鸡感染后 3~4 天内种蛋带毒，带毒的鸡胚出壳后发病死亡。本病也可通过消化道和呼吸道水平传播。但水平传播一般不发病。

（二）临床症状与病理变化

潜伏期 8~12 天。本病的临床特征是贫血，一般在感染后 10~12 小时症状表现最明显，病鸡表现精神沉郁、消瘦，鸡冠、肉髯、皮肤和可视黏膜苍白，早期翅部皮下出血最常见。其他部位如头颈部、胸部及腿部皮下也有出血、水肿，病变部位最终破溃，并继发细菌感染，导致严重的坏疽性皮炎。发病后 5~6 天开始死亡，呈急性经过，死亡率通常为 10%~50%。发病后 20~28 天的存活鸡逐渐康复，但大多生长迟缓，成为僵鸡。若继发细菌、病毒感染等则可加重病情，阻碍康复，死亡率可增大至 60%。

血液学检查，感染鸡血液稀薄如水，血凝时间延长，血细胞容积可降低到 20% 以下，红、白细胞数量减少。

剖检可见全身贫血，血液稀薄，凝固不良。肌肉、内脏器官广泛性出血。胸腺明显萎缩，呈深红褐色，可能导致完全退化。骨髓萎缩最具有特征性，表现为股骨骨髓从正常的深红色变为淡黄红色，导致再生障碍性贫血和全身淋巴组织萎缩。部分病例法氏囊萎缩。肝肿大发黄，或有坏死点。腺胃黏膜出血并有灰白色脓性分泌物。

（三）防控措施

1. 加强检疫，防止从外地引入带毒鸡，以免将本病传入健康鸡群

重视日常的饲养管理和兽医卫生措施，严防由环境因素及其他传染病导致的免疫抑制。

2. 切断鸡传染性贫血的垂直传播途径

对基础种鸡群施行普查，了解鸡传染性贫血病毒的分布以及隐性感染和带毒状况，淘汰阳性鸡只，切断鸡传染性贫血的垂直传播源。

3. 免疫接种

用鸡传染性贫血弱毒冻干苗对 12～16 周龄种鸡饮水免疫，能有效抵抗鸡传染性贫血病毒攻击，在免疫后 6 周产生坚强免疫力，并持续到 60～65 周龄。种鸡免疫 6 周后所产的蛋可留作种蛋用。也可用病雏匀浆提取物饲喂未免疫种鸡，或鸡传染性贫血病毒耐过鸡的垫料掺合于未免疫青年种鸡的垫料中进行人工感染，均可取得满意的免疫效果。鸡传染性贫血病毒的母源抗体极易产生，并对子代鸡免疫保护。

第三节　常见细菌病的防控

一、大肠杆菌病

（一）发病情况

本病是由大肠杆菌的某些致病性血清型引起的疾病的总称。多呈继发或并发。由于大肠杆菌血清型众多，且容易产生耐药性，因此治疗难度比较大，发病率和死亡率高。

大肠杆菌是鸡肠道中的正常菌群，平时，由于肠道内有益菌和有害菌保持动态平衡状态，因此一般不发病。但当环境条件改变，蛋鸡遇到较大应激，或在病毒病发作时，都容易继发或随病毒病等伴发。可通过消化道、呼吸道、污染的种蛋等途径传播，不分年龄、季节，均可发生。饲养管理和环境条件越差，发病率和死亡率就越高。如污秽、拥挤、潮湿、通风不良的环境，过冷过热或温差很大的气候变化，有毒有害气体（氨气或硫化氢等）长期存在，饲养管理不良，营养失调（特别是维生素的缺乏）以及病原微生物（如支原体及病毒）感染所造成的应激等，均可促进本病的发生。

（二）临床症状与病理变化

①精神不振，常呆立一侧，羽毛松乱，两翅下垂。

②食欲减少，冠发紫，排白色、黄绿粪便。

③当大肠杆菌和其他病原菌（如支原体、传染性支气管炎病毒等）合并感染时，病鸡多有明显的气囊炎。临床表现呼吸困难、咳嗽。

④剖检时有恶臭味儿。病理变化多表现为：心包炎，气囊浑浊、增厚，有干酪物，心包积液，有炎性分泌物；肝周炎，肝肿大，有白色纤维素状渗出；有些蛋鸡群头部皮下有胶冻状渗出物；腹膜炎，雏鸡有卵黄收缩不良、卵黄性腹膜炎等变化，中大鸡发病有的还表现为腹水症。

有些情况下，蛋鸡大肠杆菌病还表现以下不同类型。

全眼球炎表现为眼睑封闭，外观肿大，眼内蓄积多量脓性或干酪样物质。眼角膜变成白色不透明，表面有黄色米粒大的坏死灶。内脏器官多无变化。

大肠杆菌性肉芽肿，是在病鸡的小肠、盲肠、肠系膜及肝脏、心脏等表面形成典型的肉芽肿，外观与结核结节及马立克氏病相似。

（三）防治对策

1. 预防

①选择质量好、健康的鸡苗，这是保证后期大肠杆菌病少发的一个基础。

②大肠杆菌是条件性致病菌，所以良好的饲养管理是保证该病少发的关键。例如温度、湿度、通风换气、圈舍粪便处理等都与大肠杆菌病的发生息息相关。

③适当的药物预防。药物的选择可根据鸡只的不同日龄多听从兽医专家的建议进行选择，且不可滥用。

2. 治疗

①弄清该鸡群发生的大肠杆菌病是原发病还是继发病，是单一感染还是和其他疾病混合感染，这是成功治疗本病的关键。积极治疗原发病。

②通过细菌培养和药敏试验选择高敏的大肠杆菌药物作为首选药物。

③增加维生素的添加剂量，提高机体抵抗力。

④改善圈舍条件，提高饲养管理水平。

二、输卵管炎

输卵管炎是蛋鸡养殖过程中常见的传染病，多见于开产期和产蛋高峰期。它能降低蛋鸡的产蛋性能，直接影响经济效益。

（一）发病情况

1. 致病因素

输卵管炎是由细菌感染造成输卵管黏膜出现炎症，一般情况下主要是由大肠杆菌和厌氧菌引发的。当输卵管炎比较严重时，输卵管漏斗部会发生粘连，导致卵黄进入到腹腔，而卵黄在腹腔内不能完全被机体吸收，进而为细菌繁殖提供营养，最后病鸡会出现坠卵性腹膜炎。持续用药能保证控制大肠杆菌不形成败血症，一旦停药，大肠杆菌会继续繁殖，导致病鸡长时间持续消瘦，用手触摸腹部相对较硬，坠落的卵黄越多，触感硬块越明显。

2. 输卵管炎对蛋品质的影响

一旦某个鸡群发生输卵管炎后最明显的症状是雀斑蛋，除了造成雀斑蛋外，还会造成鸡群蛋壳质量和蛋色发生变化，一般情况下表现为薄壳蛋、软皮蛋增多，但是幅度不是很大，不像其他一些烈性传染病一样蛋壳薄、软壳蛋多。此外，如果鸡群发生输卵管炎不加以治疗的话，发病时间较长，病程较长，还会出现蛋楔子（比较小的蛋），一旦鸡群出现蛋楔子就说明鸡群出现了严重的输卵管炎，这种蛋打开后没有蛋黄，区别于初开产时的小蛋（有蛋白有蛋黄），这种蛋楔子中间会有一块玉米粒大小的疙，它是由于输卵管炎造成鸡输卵管黏膜脱落形成的脱落物，然后经过包裹蛋清及蛋壳后排出体外形成的。

3. 输卵管炎引发的疾病

当鸡群存在输卵管炎，并且病程较长，病原菌会沿着输卵管下行，感染泄殖腔，进而形成泄殖腔炎。当鸡发生泄殖腔炎时，肛门附近的羽毛腥臭，并且会沾湿粪便，这是外观表现的症状。但是，泄殖腔炎最大的危害是当鸡产蛋时，由于泄殖腔炎引起的回纳速度减缓，排蛋以后输卵管回行速度减慢，此时会吸引其他鸡来啄输卵管（尤其是颜色鲜艳的东西最喜欢去啄一啄），最后形成脱肛，脱肛较严重的鸡就失去挽救的价值。现实中泄殖腔炎经常见到，但是发病率并不高，而能造成泄殖腔炎的情况主要有两种，一是长时间的输卵管炎造成的，二是长时间的肠炎造成的。当鸡群有泄殖腔炎的鸡存在时，零星用药浪费时间，但是如果不采取治疗的话，或早或晚会出现输卵管被其他鸡只啄出来的情况从而导致脱肛。

（二）临床症状

发病鸡没有产蛋高峰期，往往外观正常，有的鸡冠增厚而鲜红，有的鸡腹部肿块、下垂，走路时拖地，卵泡发育基本正常。病鸡排黄白色脓性分泌物致使肛周羽毛脏污，产蛋时表现困难、疼痛等症状，体温升高，体温下降后呈昏睡状或卧地不起，羽毛蓬乱，双翅下垂。剖检病鸡可见卵泡变性、变形、充血，卵泡坏死或萎缩、坠入腹腔。

（三）防治

随着国家对食品安全监管力度的增强，农业农村部发布了《兽用抗菌药使用减量化行动试点工作方案（2018—2021 年）》，2020 年药物饲料添加剂全部退出养殖环节，对蛋鸡输卵管炎的治疗用药受到限制，导致蛋鸡输卵管炎问题日益严重。对蛋鸡输卵管炎的预防，应该做到以下几点。

①无论是平养还是笼养都要严格控制养殖密度，减少各种应激。

②保证鸡舍温湿度在适宜的范围内。

③加强通风换气，促进舍内有害气体的排出，但要注意防贼风和风速过大。

④加强饲养管理，保证鸡舍的卫生环境清洁，及时清理粪污，定期消毒鸡舍内外环境和用具，舍内每周消毒 2 次，有疫病发生时需要每日消毒，消毒时最好带鸡消毒。

⑤保证给鸡只饮用清洁用水，注意大肠杆菌等菌落数量，定期清洗水线，防止水中的微生物超量。

⑥做好疫苗免疫工作，在各个阶段接种相应的疫苗进行疫病的预防很有必要，能降低养殖经济损失。

⑦定期给鸡群驱虫（吸虫和滴虫），也能有效防止该病的发生。

⑧注重鸡群的营养，动物性原料不要过量，注意适当添加复合维生素，提高蛋壳质量和颜色，保护生殖系统黏膜，还可以提高抗病力。

三、鸡巴氏杆菌病

又称鸡霍乱、鸡出血性败血症，是由多杀性巴氏杆菌引起的主要侵害鸡、火鸡等禽类的一种接触性传染病。急性病例主要表现为突然发病、下痢、败血症状及高死亡率，剖检特征是全身黏膜、浆膜小点出血，出血性肠炎及肝脏有坏死点；慢性病例的特点是鸡冠、肉髯水肿，关节炎，病程较长，但死亡率较低。

（一）发病情况

多杀性巴氏杆菌是一种条件性致病菌，平时鸡体内都有存在。当饲养管理不当，鸡群抵抗力下降时易发生本病。多种家禽和野鸟都可感染，但鸡、鸭、鹅和火鸡最易感。雏禽有免疫力，很少发病，主要是 3~4 个月龄的鸡和成年鸡易感染发病。本病一年四季都可发生和流行，但在春秋季多见。主要通过呼吸道、消化道和皮肤创伤感染。

（二）临床症状与病理变化

1. 临床症状

临床上可分为最急性、急性和慢性三种类型。

（1）最急性型　常发生在暴发的初期，特别是成年产蛋鸡，没有任何症状，突然倒地死亡。

（2）急性型　最为常见，表现体温升高，少食或不食，精神不振，呼吸急促，鼻和口腔中流出混有泡沫的黏液，拉黄色、灰白色或淡绿色稀粪。鸡冠肉髯青紫色，肉髯常发生肿胀，发热和有痛感，最后出现痉挛、昏迷而死亡。

（3）慢性型　多见于流行后期或常发地区，病变常局限于病鸡身体的某一部位，如有些鸡一侧或两侧肉髯明显肿大；有些引起关节肿胀或化脓，出现跛行；有些呈现呼吸道症状，鼻流黏液，鼻窦肿大，喉头分泌物增多，病程长达一个月以上。

2. 病理变化

①最急性病例，剖检无明显病变，死亡鸡只鸡冠、肉髯呈黑紫色，心外膜有少许出血点。

②心冠脂肪出血，心包有黄色积液，充满纤维素渗出物。

③肝脏肿大、质脆、色变淡，表面有很多针尖大小的灰白色或灰黄色坏死点。

④肌胃出血显著，肠道尤其是十二指肠呈卡他性出血性炎症，肠内容物含有血液，黏膜上覆盖一层黄色纤维素样沉淀物。

⑤皮下、腹脂、肠系膜、浆膜有出血，呼吸道有炎症，分泌物增多，肉髯水肿或坏死，有关节炎者关节肿大、化脓或干酪样坏死。

⑥蛋鸡卵泡严重充血、出血，卵泡变形，呈半煮熟样，有卵黄性腹膜炎。

⑦肺有充血或出血点。

（三）防治措施

在流行区可注射菌苗（以禽霍乱蜂胶苗为好），种鸡及产蛋鸡在产前接种。鸡场不随便引进鸡苗，必须引进需隔离饲养，观察无病后方可合群。加强环境卫生消毒。

发病鸡群采用黄连 150 克，黄芩 200 克，大黄 80 克，龙胆草 200 克，板蓝根 200 克，银花叶 250 克，穿心莲 250 克，加水 3 500 毫升，慢火煎至 350 毫升后作 10 倍稀释，可供 500 只鸡 1 天饮用，连用 4 天。

四、传染性鼻炎

鸡传染性鼻炎是由鸡嗜血杆菌引起的一种急性呼吸道传染病，多发生于阴冷潮湿季节。主要是通过健康鸡与病鸡接触或吸入了被病菌污染的飞沫而迅速传播，也可通过被污染的饲料、饮水经消化道传染。

（一）发病情况

副鸡嗜血杆菌对各种日龄的鸡群都易感，但雏鸡很少发生。在发病频繁的地区，发病正趋于低日龄，多集中在 35~70 日龄。一年四季都可发生，以秋冬季、春初多发。可通过空气、飞沫、饲料、水源传播，甚至人员的衣物鞋子都可作为传播媒介。一般潜伏期较短，仅 1~3 天。

（二）临床症状及病理变化

①传染性鼻炎主要特征有喷嚏、发烧、鼻腔流黏液性分泌物、流泪、结膜炎、颜面和眼周围肿胀和水肿。病鸡精神不振，食欲减少，病情严重者引起呼吸困难和啰音。

②眼部经常可见卡他性结膜炎。

③鼻腔、窦黏膜和气管黏膜出现急性卡他性炎症，充血、肿胀、潮红，表面覆有大量黏液，窦内有渗出物凝块或干酪样坏死物。

（三）防治措施

1. 预防

加强饲养管理，搞好卫生消毒，防止应激，搞好疫苗接种。根据本场实际情况选择适合的传染性鼻炎灭活疫苗，问题严重时可利用本场毒株制作自家苗有的放矢地进行预防。

2. 治疗

本病治疗的基本原则是抗菌消炎，清热通窍。磺胺类药物是首选，大环内酯类、链霉素、庆大霉素有效。

五、葡萄球菌病

鸡葡萄球菌病是由金黄色葡萄球菌或其他葡萄球菌感染所引起鸡的急性败血症或慢性关节炎、脐炎、眼炎、肺炎的传染病。其临床表现为急性败血症、关节炎、雏鸡脐炎、皮肤坏死和骨膜炎。雏鸡感染后多为急性败血症的症状和病理变化；中雏病为急性或慢性；成年鸡多为慢性。雏鸡和中雏病死率较高，因而该病是集约化养鸡场中危害最严重的疾病之一。

(一) 发病情况

金黄色葡萄球菌在自然界中分布很广，皮肤、羽毛、肠道等处存在着大量细菌，当鸡体受到创伤时感染发病，雏鸡的脐带感染最常见。一年四季都可发病，在阴雨潮湿季节，饲养管理不善时多发，40~60 日龄的鸡，特别是肉鸡发病最多。

(二) 临床症状与病理变化

1. 临床症状

①翅部出血坏死；胸、腹部皮肤发生炎症，皮下有紫色和紫黑色胶冻样水肿液，有波动感，局部脱毛，有些自然破溃，流出液体粘连周围羽毛。

②关节肿胀，呈紫黑色，触及有波动感，出现跛行，有的脚底肿大、化脓。

③雏鸡脐带愈合不良，出现脐炎，脐孔周围发炎肿大，变紫黑，质硬，俗称"大肚脐"。

④眼部发病出现流泪，眼肿，分泌物增多，失明。

2. 病理变化

(1) 急性败血型 表现胸、腹、脐部肿胀，黑紫，剪开后出现皮下出血，有大量胶冻样粉红色水肿液，肌肉有出血斑或条纹。

(2) 关节炎型 见关节肿胀处皮下水肿，关节液增多，关节腔内有白色或黄色絮状物。

(3) 内脏型 肝脏肿大呈紫红色，肝、脾及肾脏有白色坏死点或脓疱，心包积液呈红色，半透明状。腺胃黏膜有弥漫性出血和坏死。

(4) 皮肤型 体表不同部位见皮炎、坏死甚至坏疽变化。

（三）防治措施

1. 预防

防止外伤。断喙、剪趾、注射和刺种时注意消毒，防止孵化污染，做好饲养管理工作。

2. 治疗

抗菌消炎，对症处理，改善环境，消除诱因。多种抗生素治疗有效。

六、沙门氏菌病

沙门氏菌病是由沙门氏菌属引起的一组传染病，主要包括鸡白痢、禽伤寒和禽副伤寒。

沙门氏菌是革兰氏阴性杆菌，共有3 000多个血清型。禽沙门氏菌病依据其病原体不同可分为五种类型。由鸡白痢沙门氏菌所引起的称为鸡白痢，由鸡伤寒沙门氏菌引起的称为禽伤寒，而其他有鞭毛能运动的沙门氏菌所引起的禽类疾病则统称为禽副伤寒。诱发禽副伤寒的沙门氏菌能广泛地感染各种动物和人类。因此，在公共卫生上也有重要意义。

（一）发病情况

1. 鸡白痢

鸡白痢是雏鸡的一种急性、败血性传染病。2周龄以内的雏鸡发病率和死亡率都很高，成年鸡多呈慢性经过，症状不典型，但带菌种鸡可通过种蛋垂直传播给雏鸡，还可通过粪便水平传播。大多通过带菌的种蛋进行垂直传播。如果孵化了带菌的种蛋，雏鸡出壳1周内就可发病死亡，对育雏成活率影响极大。育成期虽有感染，但一般无明显临床症状，种鸡场一旦被污染，很难根除。

感染种蛋孵化时，一般在孵化后期或出雏器中可见到已死亡的胚胎和即将垂死的弱雏。

2. 禽伤寒

主要发生于育成鸡和产蛋鸡。4~20周龄的青年鸡，特别是8~16周龄最易感。带菌鸡是本病的主要传染源。主要通过粪便感染，通过眼结膜或其他介质机械传播，也可通过种蛋垂直传播给雏鸡。

3. 禽副伤寒

禽副伤寒是由鼠伤寒、肠炎等沙门氏菌引起的疾病的总称。主要发生于

4~5 日龄的雏鸡，可引起大批死亡。以下痢、结膜炎和消瘦为特征。人吃了经污染的食物后易引起食物中毒，应引起重视。主要通过消化道和种蛋传播，也可通过呼吸道和皮肤伤口传染，一般多呈地方性流行。雏鸡多呈急性败血症经过，成年鸡多呈隐性感染。

（二）临床症状与病理变化

1. 鸡白痢

（1）临床症状　早期急性死亡的雏鸡，一般不表现明显的临床症状；3 周以内的雏鸡临床症状比较典型，表现为怕冷、尖叫、两翅下垂、反应迟钝、减食或废绝；排出白色糊状或白色石灰浆状的稀粪，有时黏附在泄殖腔周围。因排便次数多，肛门常被黏糊封闭，影响排粪，常称"糊肛"，病雏排粪时感到疼痛而发出尖叫声。鸡白痢病鸡还可出现张口呼吸症状。

（2）病理变化　①心肌变性，心肌上有黄白色、米粒大小的坏死结节。②病鸡瘦弱，肝脏上有密集的灰白色坏死点；肺淤血、肉变、出血坏死。③脾脏肿胀、出血、坏死。④慢性鸡白痢引起盲肠肿大，形成肠芯。胰腺肉芽肿。⑤卵黄吸收不全。

（3）防控与净化　①实施有效的净化方案。鸡白痢可通过种蛋垂直传播给子代而逐级扩大，种鸡场净化是根除鸡白痢的核心，应在掌握鸡白痢感染情况的基础上，通过多次检测，严格淘汰阳性鸡，重视净化维持。我国鸡白痢净化工作已开展数十年，但因缺乏持续性和严格性，除国外引进的阴性群体外，尚无种禽场完全实现净化。2012 年《国家中长期动物疫病防治规划（2012—2020 年）》提出将鸡白痢作为种禽场重点疫病净化的考核标准，目前已有多家"动物疫病净化创建场"开展净化。②选择合理的药物防治。抗菌药对鸡白痢治疗效果明显，但耐药性十分严重，耐药谱不断扩大。结合药敏试验选择最佳药物，避免长期单一用药，是减轻耐药性的关键。抗菌药替代品的研发、微生态制剂、中草药制剂等其他领域研究也为鸡白痢预防和治疗提供了新思路。③制定科学的疫苗免疫。免疫接种是疾病防治的有效措施。目前一些国家已研制出商品化鸡白痢疫苗，我国同类产品尚处于研究阶段。鸡白痢疫苗有活性苗、灭活苗、亚单位苗等，其中活性苗能引起较高的细胞免疫应答，持续时间长，但存在安全隐患；灭活苗可用于消除地方性流行株感染，或紧急处理，但免疫效力较低；亚单位疫苗应用前景广阔，但生产工艺复杂，成本高。④构建综合的防治体系。疾病防控是综合的有机体系，其构建可基于控制传染源、切断传播途径和保护易感动物三个基本要素。鸡场应实施严格的入场检疫，把病原排除于场外。同时，定期检测，淘汰阳性鸡，减少传播风险。对饲养流程进行规范，严格控制场内人员、物品、鼠类、鸟类等媒介的流通。对孵化环节进行控制，尤其是全方位的消毒制度，减少垂直传播。就易感动物而言，防止将鸡群暴露于鸡白痢风险中，并通过饲料、营养、微环境控制等多方面入手，提高个体抗病力。⑤建设精准的监测预警系统。鸡白痢沙门氏菌对环境抵抗力较强，耐低温，加上自然宿主繁多，即使实现根除的国家，仍有再次暴发的可能。因此制定以风险为基础的血清学监测计划，建立包括主动监测、被动监测、野禽监测等在内的预警系统，对鸡白痢防控有积极作用。

2. 禽伤寒

（1）临床症状　病鸡精神差，贫血，冠和肉髯苍白皱缩，拉黄绿色稀粪。雏鸡发病与鸡白痢基本相似。

（2）病理变化

①肝肿大，呈浅绿、棕色或古铜色，质脆，胆囊充盈膨大。

②肺瘀血。

③肠道有卡他性炎症，肠黏膜有溃疡，以十二指肠较严重，内有绿色稀粪或黏液。

④雏鸡病变与鸡白痢基本相似。

3. 禽副伤寒

（1）临床症状　病雏嗜眠，畏寒，严重水样下痢，泄殖腔周围有粪便沾污。

（2）病理变化　急性死亡的病雏鸡病理变化不明显。病程稍长或慢性经过的雏鸡，出血性肠炎。肠道黏膜水肿局部充血和点状出血，肝肿大，青铜肝，有细小灰黄色坏死灶。

（三）防控方法

①对雏鸡（开口时）可选用敏感的药物加入饲料或饮水中进行预防，防止早期感染。

②保证鸡群各个生长阶段、生长环节的清洁卫生，杀虫灭鼠，防止粪便污染饲料、饮水、空气、环境等。

③育雏舍要实行全进全出的饲养模式，推行自繁自养的管理措施。

④加强育雏期的饲养管理，保证育雏温度、湿度和饲料的营养。

⑤治疗的原则是：抗菌消炎，提高抗病能力。可选择敏感抗菌药物预防和治疗，防止扩散。

⑥在饲料中添加微生态制剂，利用生物竞争排斥的现象预防鸡白痢。常用的商品制剂有促菌生、强力益生素等，可按照说明书使用。

⑦使用本场分离的沙门氏菌制成油乳剂灭活苗，做免疫接种。

⑧种鸡场必须适时地进行检疫，检疫的时机以140日龄左右为宜，及时淘汰检出所有阳性鸡。种蛋入孵前要熏蒸消毒，同时要做好孵化环境、孵化器、出雏器及所有用具的消毒。

七、曲霉菌病

曲霉菌病又称霉菌性肺炎。烟曲霉菌菌落初长为白色致密绒毛状，菌落形成大量孢子后，其中心呈浅蓝绿色，表面呈深绿色、灰绿色甚至为黑色丝绒状。

（一）发病情况

曲霉菌病是平养蛋鸡常见的一种真菌性疾病，由曲霉菌引起，常呈急性暴发和群发性发生。主要危害20日龄内雏鸡。多见于温暖多雨季节，因垫料、饲料发霉，或因雏鸡室通气不良而导致霉菌大量生长，雏鸡吸入大量霉菌孢子而感染发病。

一般来说蛋鸡发生霉菌常常因为与霉变的垫料、饲料接触或吸入大量霉菌孢子而感染。饲料的霉变多为放置时间过长、吸潮或鸡吃食时饲料掉到垫料中所引起，垫料的霉变更多的是木糠、稻壳等未能充分晒干吸潮而致。

（二）临床症状与病理变化

1. 临床症状

20日龄内蛋鸡多呈暴发，成鸡多散发。精神沉郁，嗜睡，两翅下垂，食欲减少或废绝。伸颈张口，呼吸困难，甩鼻，流鼻液，但无喘鸣声。个别鸡只出现麻痹、惊厥、颈部扭曲等神经症状。

2. 病理变化

病变主要见于肺部和气囊，肺部见有曲霉菌菌落和粟粒大至绿豆大黄白色或灰白色干酪样、豆腐渣样坏死结节，其质地较硬，切面可见有层状结构，中心为干酪样坏死组织。严重时，肺部发炎。食管形成假膜，肌胃角质层溃疡、糜烂。心包积液。

（三）防治措施

1. 预防

①严禁使用霉变的米糠、稻草、稻壳等作垫料，防止使用发霉饲料所取的

饲料应该在一定的时间内鸡群吃完（一般7天内），饲料要用木板架起放置防止吸潮。料桶要加上料罩防止饲料掉下；垫料要常清理，把垫料中的饲料清除。

②严格做好消毒卫生工作，可用0.4%的过氧乙酸带鸡消毒。

2. 治疗

治疗前，先全面清理霉变的垫料，停止使用发霉的饲料或清理地上发霉的饲料，用0.1%～0.2%硫酸铜溶液全面喷洒鸡舍，换上新鲜干净的谷壳作垫料。饮水器、料桶等雏鸡接触过的用具全面清洗并用0.1%～0.2%硫酸铜溶液浸泡。0.2%硫酸铜溶液、0.2%龙胆紫饮水或0.5%～1%碘化钾溶液饮水，制霉菌素（100粒/1包料）拌料，连用3天，每天1次，连用2～3个疗程，每个疗程间隔2天。注意控制并发或继发其他细菌病，如葡萄球菌等，可使用阿莫西林饮水。

八、支原体病（慢性呼吸道病）

鸡支原体病又名慢性呼吸道病，是由鸡毒支原体引起的蛋鸡的一种慢性、接触性呼吸道传染病。其特征是上呼吸道及邻近的窦黏膜炎症，常蔓延到气囊、气管等部位。表现为咳嗽、鼻涕、气喘和呼吸杂音。本病发展缓慢，又称败血霉形体病。

（一）发病情况

本病的传播方式有水平传播和垂直传播，水平传播是病鸡通过咳嗽、喷嚏或排泄物污染空气，经呼吸道传染，也能通过饲料或水源由消化道传染，也可经交配传播。垂直传播是由隐性或慢性感染的种鸡所产的带菌蛋，可使14～21日龄的胚胎死亡或孵出弱雏，这种弱雏因带病原体又能引起水平传播。

本病在鸡群中流行缓慢，仅在新疫区表现急性经过，当鸡群遭到其他病原体感染或寄生虫侵袭时，以及影响鸡体抵抗力降低的应激因素，如预防接种，卫生不良，鸡群过分拥挤，营养不良，气候突变等均可促使或加剧本病的发生和流行。带有本病病原体的幼雏，用气雾或滴鼻的途径免疫时，能诱发致病。若用带有病原体的鸡胚制作疫苗时，则能造成疫苗的污染。本病一年四季均可发生，但以寒冷的季节流行较严重。

（二）临床症状与病理变化

1. 临床症状

①病鸡先是流稀薄或黏稠鼻液，打喷嚏，咳嗽，张口呼吸，呼吸有气管啰

音，夜间比白天听得更清楚，严重者呼吸啰音很大，似青蛙叫。

②病鸡食欲不振，体重减轻消瘦。眼球受到压迫，发生萎缩和造成失明，可以侵害一侧眼睛，也可能两侧同时发生。

③易与大肠杆菌、传染性鼻炎、传染性支气管炎混合感染，从而导致气囊炎、肝周炎、心包炎，增加死亡率。若无病毒和细菌并发感染，死亡率较低。

④滑液囊支原体感染时，关节肿大，病鸡跛行甚至瘫痪。

2. 病理变化

①鼻腔、气管、支气管和气囊中有渗出物，眶下窦黏膜发炎，气管黏膜常增厚。鼻窦、眶下窦卡他性炎症及黄色干酪样物。

②肺脏出血性坏死；气囊膜浑浊、增厚，囊腔中含有大量干酪样渗出物。与大肠杆菌混感时，可见纤维素性心包炎、肝周炎、气囊炎。

③气管栓塞，可见黄色干酪样物堵塞气管。

④支原体关节炎时，关节肿大，尤其是跗关节，关节周围组织水肿。

（三）防治措施

1. 预防

加强饲养管理，搞好卫生消毒，对种鸡群一定要定期进行血清学检查，淘汰阳性鸡；也可接种疫苗（有弱毒苗和灭活苗，按说明书使用）。

2. 治疗

泰乐菌素、支原净等对鸡毒支原体都有效，但易产生耐药性。选用哪种药物，最好先作药敏试验，也可轮换或联合使用药物。泰乐菌素时，可通过鸡的饮水给药，用量是在每千克饮水中，兑入 5~10 克的泰乐菌素，或者通过鸡的饲料来给药，用量是在每千克饲料中，拌入 10~20 克的泰乐菌素。泰乐菌素不能与聚醚类抗生素合用。使用泰乐菌素+甘草合剂+维生素 A，进行喷雾给药，效果好。

第四节　常见寄生虫病的防控

一、鸡球虫病

（一）发病情况

鸡球虫病是由寄生在雏鸡体内的艾美耳属球虫引起一种寄生类的传染性疾

病。其中以柔嫩艾美耳幼虫的致病能力最强，对雏鸡造成的危害最为严重。该种疾病的流行时间为每年的5—9月，温暖潮湿季节最容易引起该种疾病暴发，一般为15~60日龄的雏鸡发病最为严重，其死亡率可以达到70%~90%。对雏鸡的危害率十分高。

（二）临床症状与病理变化

1. 临床症状

①病鸡精神沉郁，羽毛松乱，两翅下垂，闭眼似睡。

②全身贫血，冠、髯、皮肤、肌肉颜色苍白。

③地面平养鸡发病早期偶尔排出带血粪便，并在短时间内采食加快，随着病情发展血粪增多。尾部羽毛被血液或暗红色粪便污染。

④笼养鸡、网上平养鸡，常感染小肠球虫，呈慢性经过，病鸡消瘦，间歇性下痢，羽毛松乱，闭眼缩做一团，采食量下降，排出未被完全消化的饲料粪（料粪），粪便中混有血色丝状物或肉芽状物，胡萝卜丝样物，或西瓜瓤样稀粪。

2. 病理变化

①柔嫩艾美耳球虫感染时表现盲肠球虫。见两侧盲肠显著肿大，增粗，外观呈暗红色或紫黑色，内为暗红色血凝块或血水，并混有肠黏膜坏死物质。

②毒害艾美耳球虫、巨型艾美耳球虫、堆型艾美耳球虫、哈氏艾美耳球虫感染时，主要损害小肠。小肠肿胀、出血，有严重坏死；肠黏膜上有致密的麸皮样黄色假膜，肠壁增厚，剪开自动外翻；肠浆膜面上有明显的淡白色斑点。有时可形成肠套叠。

（三）防治措施

1. 预防

（1）严格消毒　空鸡舍在进行完常规消毒程序后，应用酒精喷灯对鸡舍的混凝土、金属物件器具以及墙壁（消毒范围不能低于鸡群2米）进行火焰消毒，消毒时一定要仔细，不能有疏漏的区域。

对木质、塑料器具用2%~3%的热碱水浸泡洗刷消毒。对饲槽、饮水器、栖架及其他用具，每7~10天（在流行期每3~4天）要用开水或热碱水洗涤消毒。

（2）加强饲养管理　推广网上平养、笼养模式；加强对垫料的管理；保持鸡舍清洁干燥，搞好舍内卫生，要使鸡舍内温度适宜，阳光充足，通风良好；供给雏鸡富含维生素的饲料，以增强鸡只的抵抗力，在饲料或饮水内要增加维生素 A 和维生素 K。

（3）做好定期药物预防　可以在 7 日龄首免新城疫后，选择地克珠利、妥曲珠利配合鱼肝油，将球虫在生长前期杀死。如有明显肠炎症状，可用地克珠利、妥曲珠利配合氨苄西林钠、肠黏膜修复剂等治疗。在二免新城疫之前，若鸡群中有球虫病时，必须先治疗球虫病，再做新城疫免疫，防止引起免疫失败。10 日龄前，也可不予预防性投药，待出现球虫后再作治疗，可以使蛋鸡前期轻微感染球虫，后期获得对球虫感染的抵抗力。

2. 治疗

对急性盲肠球虫病，以 30% 的磺胺氯吡嗪钠为代表的磺胺类药物是治疗本病的首选药物。按鸡群全天采食量每 100 千克饲料 200 克饮水，4~5 小时饮完，连用 3 天。

对急性小肠球虫病的治疗，复合磺胺类药物是治疗本病的首选药物，另外加治疗肠毒综合征的药物同时使用，效果更佳。

对慢性球虫病，以妥曲珠利、地克珠利为首选药物，配合治疗肠毒综合征的药物同时使用，效果更好。

对混合球虫感染的治疗，以复合磺胺类药物配合治疗肠毒综合征的药物饮水，连用 2 天，晚上用健肾、护肾的药物饮水。

二、鸡组织滴虫病

（一）发病情况

鸡组织滴虫病又称盲肠肝炎、鸡黑头病，是由组织滴虫属的火鸡组织滴虫寄生于禽类的盲肠和肝脏引起的一种鸡的原虫病。本病特征是肝脏呈榆钱样坏死，盲肠发炎呈一侧或双侧肿大；多发于雏火鸡和雏鸡。该病常造成鸡头颈部瘀血而呈黑色，故称黑头病。

（二）临床症状与病理变化

①病鸡精神不振，食欲减退，翅下垂，呈硫黄色下痢，或淡黄色或淡绿色下痢。

②黑头，鸡冠、肉髯、头颈淤血，发绀。

③一侧或两侧盲肠发炎、坏死，肠壁增厚或形成溃疡，干酪样肠芯。

④肝脏肿大，表面有特征性扣状（榆钱样）凹陷坏死灶。肝出现颜色各异、不整圆形稍有凹陷的溃疡状灶，通常呈黄灰色，或是淡绿色。溃疡灶的大小不等，一般为 1~2 厘米的环形病灶，也可能相互融合成大片的溃疡区。

（三）防治措施

加强饲养管理，建议采用笼养方式。用伊维菌素定期驱除异刺线虫。发病鸡群用0.1%的甲硝唑拌料，连用5~7天有效。

三、鸡住白细胞原虫病

鸡住白细胞原虫病是由住白细胞原虫属的原虫寄生于鸡的红细胞和单核细胞而引起的一种以贫血为特征的寄生虫病，俗称白冠病。主要由卡氏住白细胞原虫和沙氏住白细胞原虫引起。其中，卡氏住白细胞原虫危害最为严重。该病可引起雏鸡大批死亡，中鸡发育受阻，成鸡贫血。

（一）发病情况

该病的发生与蠓和蚋的活动密切相关。蠓和蚋分别是卡氏住白细胞原虫和沙氏住白细胞原虫的传播媒介，因而该病多发生于库蠓和蚋大量出现的温暖季节，有明显的季节性。一般气温在20℃以上时，蠓和蚋繁殖快，活动强，该病流行严重。我国南方地区多发于4—10月，北方地区多发生于7—9月。

（二）临床症状与病理变化

1. 临床症状

①雏鸡感染多呈急性经过，病鸡体温升高，精神沉郁，乏力，昏睡；食欲不振，甚至废绝；两肢轻瘫，行步困难，运动失调；口流黏液，排白绿色稀便。

②消瘦、贫血、鸡冠和肉髯苍白，有暗红色针尖大出血点。

③12~14日龄的雏鸡因严重出血、咯血和呼吸困难而突然死亡，死亡率高。血液稀薄呈水样，不凝固。

2. 病理变化

①皮下、肌肉，尤其胸肌和腿部肌肉有明显的点状或斑块状出血。

②肠系膜、心肌、胸肌或肝、脾、胰等器官，有住白细胞原虫裂殖体增殖形成的针尖大或粟粒大，与周围组织有明显界限的灰白色或红色小结节。

（三）防治措施

1. 预防

消灭昆虫媒介，控制蠓和蚋是最重要的一环。要抓好三点：一是要注意搞好鸡舍及周围环境卫生，清除鸡舍附近的杂草、水坑、畜禽粪便及污物，减少蠓、蚋滋生繁殖与藏匿；二是蠓和蚋繁殖季节，给鸡舍装配细眼纱窗，防止蟥、蚋进入；三是对鸡舍及周围环境，每隔6~7天，用6%~7%的马拉硫磷溶液或溴氰菊酯、戊酸氰醚酯等杀虫剂喷洒1次，以杀灭蟥、蚋等昆虫，切断传播途径。

2. 治疗

最好选用发病鸡场未使用过的药物，或同时使用两种有效药物，以避免有抗药性而影响治疗效果。可用磺胺间甲氧嘧啶钠按50~100毫克/千克饲料，并按说明用量配合维生素K_3混合饮水，连用3~5天，间隔3天，药量减半后再连用5~10天即可。

四、鸡蠕虫病

(一) 发病情况

鸡蠕虫病是鸡的常见寄生虫病，主要有蛔虫病、异刺线虫病、绦虫病等。鸡感染蠕虫后常出现生长发育迟缓、生产性能下降、从而降低生产效益。

鸡感染蛔虫时，常不表现任何临床症状，严重者可在蛔虫感染后3周出现死亡，死亡的原因是小肠被幼虫破坏或小肠堵塞。异刺线虫没有或只有轻微的致病性，但是可通过鸡蛋传播黑头病（组织滴虫病）。绦虫有体节结构，因此很容易识别。绦虫破坏肠道，当含有虫卵的绦虫片段通过粪便排到体外，虫卵被甲壳虫（包括垫料甲壳虫）和蚂蚁吃到，鸡通过吃这些绦虫的中间宿主而再次感染，感染后2周，更多含有虫卵的蠕虫片段排泄到体外，又会开始下一个循环。

(二) 临床症状与虫卵检查

蠕虫病的主要临床症状有：病程较慢，即慢性感染；轻微的腹泻，体重减轻或生长迟缓；母鸡干瘪，鸡冠苍白萎缩，停止产蛋；持续严重的感染时，表现鸡冠、肉髯苍白，乏力；青年鸡感染的症状比老年鸡的症状严重。

为了更好地了解蠕虫在鸡群中的感染情况，可以每6周数一次蠕虫卵。取20堆小肠粪和20堆盲肠粪混合。盲肠粪有时与小肠粪混合在一起，但是如果想把蛔虫和异刺线虫区分开来，必须单独收集两类粪便。异刺线虫寄生在盲肠，蛔虫寄生在小肠。粪便要尽量新鲜，样品需要冷藏，并在1周之内检测。当每克粪便中蛔虫卵数量超过1 000个，线虫卵超过10个时，就有必要开始使用驱虫药进行驱虫了。

由于异刺线虫可通过鸡蛋传播黑头病（组织滴虫病），因此，如果鸡场附近有组织滴虫病，也应该检测异刺线虫。

（三）防治措施

蠕虫病有多种处理方法：每 6 周驱虫 1 次，避免严重感染，每 3 周检查 1 次异刺线虫和绦虫；每 6 周进行粪便分析，死后剖检以便准确判断，基于这些分析进行治疗。

高效、广谱、安全的驱虫药有：左旋咪唑，剂量 25～40 毫克/千克体重，该药对毛细线虫、鸡蛔虫等均有很好的驱虫效果。

丙硫苯咪唑，剂量 0.15% 毫克/千克体重，对鸡绦虫等有特效。小群鸡驱虫时可制成丸状逐一投喂，如大群驱虫则可混料给药。

良好的卫生条件对防制蠕虫病相当重要。一般蠕虫的虫卵或幼虫都要在外界发育至一定阶段才具有感染力，因此，可以利用卫生措施，将存在于外界的病原体消除，以中断其生活史。另外，一些蠕虫的发育需要中间宿主参与，如果能使鸡不接触或减少与中间宿主接触，或者将中间宿主杀灭，对防治此类蠕虫病亦是行之有效的措施。

参考文献

陈理盾，李新正，靳双星，2009. 禽病彩色图谱［M］. 沈阳：辽宁科学技术出版社.

康相涛，田亚东，2011. 蛋鸡健康高产养殖手册［M］. 郑州：河南科学技术出版社.

李连任，2014. 轻松学鸡病防制［M］. 北京：中国农业科学技术出版社.

李连任，2015. 图解蛋鸡的信号与饲养管理［M］. 北京：化学工业出版社.

文明星，季大平，王绍勇，2022. 蛋鸡养殖500天全彩图解［M］. 北京：化学工业出版社.

熊家军，杨菲菲，2021. 现代蛋鸡养殖关键技术精解［M］. 2版. 北京：化学工业出版社.